2019年《选择》节目录制现场,同主持人晓滟,专家王颖老师、李洋老师合影

(摄影师:符超)

上:2019年《选择》录制现场
下:2018年5月《选择》线下相亲会

(摄影师:符超)

上：2019年《选择》春节特别节目，同霍明亮律师合作演出
下：2019年《选择》录制现场

（摄影师：符超）

2020年《选择》春节特别节目，同主持人晓艳，专家王颖老师、李洋老师共同表演小品《新白蛇传》

中老年情感加油站

荆莹◎著

中国经济出版社
CHINA ECONOMIC PUBLISHING HOUSE
北京

图书在版编目（CIP）数据

中老年情感加油站 / 荆莹著 . —— 北京：中国经济出版社，2022.4（2024.10 重印）

ISBN 978-7-5136-6838-5

Ⅰ. ①中⋯ Ⅱ. ①荆⋯ Ⅲ. ①情感 – 中老年读物 Ⅳ. ① B842.6–49

中国版本图书馆 CIP 数据核字（2022）第 039585 号

责任编辑　王西琨
责任印制　马小宾
封面设计　久品轩

出版发行	中国经济出版社
印 刷 者	北京建宏印刷有限公司
经 销 者	各地新华书店
开　　本	710mm×1000mm　1/16
印　　张	14.25　彩页　0.25
字　　数	160 千字
版　　次	2022 年 4 月第 1 版
印　　次	2024 年 10 月第 2 次
定　　价	59.00 元

广告经营许可证　京西工商广字第 8179 号

中国经济出版社　网址 www.economyph.com　社址 北京市东城区安定门外大街 58 号　邮编 100011
本版图书如存在印装质量问题，请与本社销售中心联系调换（联系电话：010-57512564）

版权所有　盗版必究（举报电话：010-57512600）
国家版权局反盗版举报中心（举报电话：12390）　服务热线：010-57512564

推荐序

前半生的工作总结

荆莹把这本书称作她前半生的工作总结,我瞬间就笑了,她才多大啊,就开始划分前半生和后半生了。

但这就是荆莹,一个比同龄人沉稳老成的孩子,做事情很有前瞻性。

刚认识荆莹的时候,她在幕后做编导,当时她就给我留下了非常深刻的印象,无论是组织能力,还是沟通能力,都非常突出。当时我就很诧异,一个刚大学毕业不久、二十多岁的孩子,是如何能够这么深刻地了解和她父母年龄不相上下的当事人的心理状态的。

等她到了幕前,我们熟络之后,我才发现这孩子有很强的共情能力,特别擅长换位思考,这是做心理工作必须具备的特别重要的素质之一。共情能力强的人,更容易理解对方,更能够设身处地为对方着想,帮对方解决问题。她的这项能力,让当事人都对其十分信服。

果不其然,无论是线下的来访者,还是线上的当事人,对荆莹的评价都很高，有些中老年人甚至把荆莹当作自己的孩子一样，向她倾诉各自的苦恼。荆莹更是耐心、专业地帮他们解决问题。

这本书叫工作总结也恰如其分。十几年来，荆莹都在专注地干这一件事，这在当代年轻人中是十分罕见的。十几年如一日地精心钻研一个领域，想不成功都难。

这本书将十几年间成千上万的故事，浓缩提炼出了几十个经典故事。荆莹不仅用幽默风趣的语言、客观中立的角度讲述了这些故事，还从心理学角度指出了每个故事存在的问题，并给出了解决的建议和方法，所以这本书还是一本"工具书"。读者看到哪个故事和自己的生活有相似的地方，或者自己也遇到了哪个类似的问题，看书的时候马上折个角或者夹个书签，下次再碰上时就可以再回头读读解决的方法。久而久之养成习惯以后，相信能够改变你的想法和做法，让你获得更幸福的人生。

同时，这本书也建议儿女们读一读。作为独生子女的荆莹，也和不少老年人子女是同龄的年轻人，她写的这本书，代表了很多年轻人的心声。中老年再婚到底如何跟子女开口，如何与子女和平共处，在这本书里都能找到答案。同样，这本书也让子女们更加了解父母这代人的想法，甚至更加了解自己的父母是什么样的人，从而更加体谅他们择偶的想法，达成和解。

收罗人间百相，道出曲折心灵。这本老中青咸宜，集专业、实用于一身的书，将会成为中老年人情感的指明灯。

王 颖

心理学专家，家庭教育专家，中国心理学会会员

前　言

选择写这本书的时候，心中可以说五味杂陈。《选择》这档栏目自 2009 年 1 月 1 日开播以来，到 2022 年的今天，已经走过了 13 年之久的道路。在这 13 年里，如果按平均每天播两个人的故事算，到今天也播出了近万人的故事。

我从 2010 年开始加入《选择》栏目组，于 2016 年正式走到台前，成为帮当事人答疑解惑的心理嘉宾。也就是说，从 2010 年到 2022 年，无论是台前还是幕后，我接触了近万名中老年人，也算是阅历丰富。

通过这近万名中老年人讲述的婚恋故事，我看到了当今中老年人在婚恋中的美好向往和困惑无奈。所有经济方面、子女方面、情感方面等原因，最后都聚焦到了一点——养老。大部分人看似是来相亲找对象的，其实想解决的最终是养老问题；另一小部分人则是真的来寻找爱情的。有很多年轻人不能理解，都这把岁数了，怎么还来谈恋爱呢？殊不知中老年人认真爱起来，会比年轻人更火热、更奔放。这本书中也会将他们真实的一面呈现出来，让大家知道，人无论到什么年龄段，对美好生活都有着同样的向往。

当然，也有很多人无时无刻不在希望通过婚姻来改变命运。

这种想法并不会因为年龄的增长而消失，反而会因为年龄的增长而增长。所以，本书看似只是在写中老年人，其实却包含了全年龄段的人生。年轻的时候怎么想，老了以后还是会以同样的思维方式想问题。你、我、他/她，我们都一样。本书希望通过35个经典情境引发大家的关注，共同思考婚姻到底是什么，婚姻到底应该如何经营。也希望子女们看看这本书，来了解我们的父母在想什么。

就像我在栏目中说过的，我们在《选择》栏目里充当的看似是专家，是在告诉大家很多，但其实我们也从这些当事人身上学到了很多，这些也深深地影响着我们的生活。那些丧偶的叔叔、阿姨的故事，让我们看到他/她们依然坚定地相信美好爱情和幸福婚姻的存在，让我们感受到了爱情和婚姻的美好；那些离异的叔叔、阿姨的故事，让我们从中吸取和总结了经验教训，让我们在现实生活中学会了如何解决自己和配偶、子女的矛盾，对我们年轻人的价值观和婚姻观有着深远的影响。这些叔叔、阿姨提早让我看到了老年生活的精彩，帮我规避了生命中的很多岔路口，让我更清晰坚定地走在现在所选择的人生道路上。

这12年的工作经验是我人生中最宝贵的财富。

从2010年3月，我进入《选择》栏目组，到今天和它一起奋斗了12年。我对《选择》有很深的情感，所以，我想从我个人的角度，把我这12年间在《选择》栏目中听到的和看到的都记录下来。人们常说，时间可以冲淡一切，再过5年、10年、20年，可能很多曾经非常喜欢《选择》栏目的观众也不再记得

前　言

它的存在，也会忘记它曾经给我们带来的欢笑和快乐，但我不想忘记。人生有几个10年呢？给大家留个念想，也给自己留个念想，这是我写这本书的初衷。

我在这本书里写到的35个人物故事，都是来到《选择》的每一个平凡人讲述的真实故事，也有在这12年间我亲身经历的事情。提前声明，由于每个人都有自己的主观意识，所以我写下的文字仅代表我的个人观点，不代表《选择》栏目组。书中故事里的人物，是我基于故事原型提炼总结而成的，目的是通过典型故事说明问题，大家无须对号入座，只读书罢了，如有雷同，纯属巧合。

荆　莹

2022年3月于北京

目 录

第一章　人性多棱镜　//001

专家被骗奇遇记　//003
画大饼的男人　//008
糟糠之"夫"不可弃　//016
恋爱时花的钱，分手后该不该还　//022
不算计，才能活得更好　//029
再婚后，遇到的却是小心眼　//033
钱不是万能的　//042
再婚该不该要彩礼钱　//047
再婚，你看对人了吗？　//053
经济基础好的人，择偶要求是什么样的？　//058
国外的月亮就是圆的吗？　//063
你遇到过老年"妈宝男"吗？　//067
欲言又止的爱情　//076
另类"家暴"的应对之策　//082
中老年未婚群体能否找到爱情　//086
鳄鱼的眼泪　//095
人的性格很难改变　//099
做好自己，静待花开　//105

第二章 "我"的择偶条件 //111

不能让步的择偶条件 //113
养宠物式择偶，这届老年人真会玩！ //120
试试才知道 //129
夫妻生活是必需品吗？ //134
你听过"钟情妄想症"吗？ //138
逗你玩可不行 //144
屡战屡败，屡败屡战 //149
50岁以上未婚的那些人 //154
中老年相亲男子类型 //162
中老年相亲女子类型 //167

第三章 世间还是有真爱 //173

相亲208人，终于找到你 //175
重病之下的再婚夫妻 //180
再婚后，我俩成了特约演员 //184
病床上的婚礼 //189
离婚是不想拖累你 //195

第四章 如何在老年拥有真正的爱情 //199

再婚后如何和对方子女相处 //201
相亲时究竟用技巧还是凭真诚 //206
中老年人再婚，一定要领结婚证 //209
拿婚姻当点心吃，你就输了 //213

后 记 //217

第一章 人性多棱镜

参与录制《选择》以来，我发现看这档栏目的观众大致分为三类：第一类是刚需人群——单身，他们通过这个平台找对象相对放心，毕竟是要在电视上把自己公之于世的，所以来这里的人不会是职业的婚托和诈骗犯。但有没有骗财骗色的"渣男""渣女"呢？应该多少也会有一些，但确实少之又少。第二类是非刚需人群——非单身。这群人里有很多日后会转变成单身人群：有看了《选择》后离婚的，也有看过几年以后丧偶的。第三类是无论单身与否都拿《选择》当娱乐节目看。现在针对中老年人的综艺节目不多，所以很多人看《选择》就是图个轻松，图个欢乐。

真正看懂《选择》的人会发现，来参加《选择》录制的人，有态度积极的，也有态度消极的，可以说是五花八门，什么人都有。这一章的18个故事，会让大家看到人性是一面多棱镜。

第一章　人性多棱镜

专家被骗奇遇记

2019年的一天，主编跟我们说前不久参加节目的一个阿姨结婚了，她找到了北京某郊区的一个叔叔。叔叔的条件不错，在郊区开了一个农家院。阿姨50多岁，叔叔70岁出头，两个人的年龄相差十四五岁。由于男方不愿意在电视上露脸，所以不能来参加我们例行举行的集体婚礼。

为了表示感谢，阿姨希望我们来这个农家院玩儿，招待大家以表谢意。听了这个消息，我们一方面很为阿姨高兴，另一方面觉得可以当作一次团建，于是领导就组织大家一起欣然前往。有孩子的同事带了孩子去，我们几个专家也一同赴约。

那天恰逢周六，有节目录制，录完节目已经是下午4点多钟了，从朝阳区赶往郊区又花了一两个小时，到达目的地的时候天已经黑了。王颖老师、李洋和我录完节目最先抵达目的地。其他同事也陆陆续续地到了，与这位阿姨对接的主编因为要处理单位的事情没有按时会合。

大家到了农家院并分配好房间后，就准备吃饭。正当我和同事带着孩子在一起玩的时候，一个同事跑到我的房间惊讶地跟我们说："这个阿姨说她还没有领证，而且她对叔叔满腹怨言。"我们瞬间一脸疑惑，阿姨跟叔叔不是已经结婚了吗？

"不是因为结婚了才请咱们过来的吗？"

"如果满腹怨言，请咱们过来是为什么？调解矛盾的吗？"

大家百思不得其解，七嘴八舌地议论了起来。

"还是等主编来了问清楚再说吧，你们先带着孩子玩儿。"几个男同事还是比我们有主心骨，毕竟当时天色已黑，大家都带着孩子，晚上开山路返回不是很安全。事已至此，也只能既来之则安之了。

又过了半个多小时，农家院的男主人邀请我们去吃晚饭。挺大的一家餐厅，只有我们两桌。这时那位阿姨也出来了，和男主人一起招待我们。两人的脸上确实看不出新婚的喜悦。

我们坐在非主位的那一桌，喝酒的男同事们都坐在主桌。男主人和女主人陪着主桌的同事们喝酒。一会儿，男主人起来敬酒，宣布说："感谢大家来参加我们明天的婚礼。"

……

大家相视愕然。即使不知道事情的具体细节，此时此刻，我们也已经知道，阿姨没跟我们说实话。只不过这是阿姨一个人的主意，还是两个人商量好的，就不得而知了。

这个时候已经是晚上七八点钟，带孩子回家已经彻底不可能了，另一桌的男同事还都喝了酒，这深山老林的也不会有代驾来接单。更何况此时还不知男主人是否参与了这次计划。所以大家互相交换了一下眼神，都决定按兵不动。

饭后，我们几个聚到了主编的房中，想问问到底是怎么回事。一说才知道，原来主编也被蒙在鼓里。

这位阿姨不是本地人。在录节目的时候，阿姨给我们都留

第一章　人性多棱镜

下了很深刻的印象——阿姨穿着、谈吐都很大方，说自己出自书香门第，儿子和弟弟都定居国外，现在自己在北京没有个安身立命之所，所以上节目来择偶。当时节目播出后，有意向找这位阿姨的叔叔有很多，其中不乏条件还不错的叔叔（我们一般对条件不错的定义就是自己有房，有稳定的退休金，是北京本地人，可以接纳非京籍伴侣）。基于上述情况，对于这位阿姨说她很快就找到一位叔叔并且领证结婚这件事，主编并没有生疑。

　　饭后主编专门去找这位阿姨谈了一下，问清了来龙去脉。原来这位阿姨是在热线里选到这位叔叔的。这位叔叔是本地人，在当地条件也不错，是一个小有名气的人物。虽然70多岁了，但是眼不花、背不驼，外形条件也不错；退休金呢，每月1万多块钱。虽然比这位阿姨大十四五岁，但是冲着这个条件，阿姨愿意跟叔叔一起生活。第二次见面的时候，阿姨就在这个农家院住下来了。但住下来之后她才发现，这儿的生意很冷清，每年要交十几万元租金，叔叔自己每月的退休金也基本投在生意里了。由于吃住都在农家院，所以平时叔叔也没什么花销。叔叔的儿女偶尔来看看他，也会给点儿零花钱。叔叔基本上算是生活无忧。

　　但事实和阿姨设想的就不一样了。阿姨本以为只要是北京的房子，都会比较值钱，经营农家院也应该是挣钱的买卖。没想到这个生意非但不挣钱，还得往里搭钱。她如果和这个叔叔结婚，不光过不上理想中的生活，还得参与这个农家院的服务。于是她就和叔叔谈判说，结婚可以，但是每月得给她开2000

元左右的工资。但是叔叔并没有很爽快地答应。阿姨就有点后悔，不想和叔叔结婚了。但结婚这件事，已经十里八乡传开了，就算结婚证可以先不领，但是婚礼得办。

叔叔在当地小有名气，据他自己所说，婚礼来的也都是一些有头有脸的人物。阿姨一听这个，想到自己在北京没有娘家人啊，这要办婚礼，人家那边热热闹闹的，自己这边一个人没有。一是面子不好看，二是怕以后受欺负、没地位，于是就把我们叫来了，想让我们给她充充场面。

话听到这儿，我们终于明白了。合着绕了这么一大圈把我们诓来，是想让我们当娘家人的。

阿姨没有在来之前跟我们说她的诉求，让我们有点伤心。带着失望的心情，我们都早早睡了。第二天早上6点，铁门一开，我们就都开车走了，留下了主编和两位编导参加了他们的"婚礼"。

最后，这对"夫妻"的结果怎么样呢？我们谁也不知道，因为回来后主编也不再和那位阿姨联系了。但巧合的是，就在前不久，我们节目上又来了一位50多岁的非京籍阿姨，她聊起自己上一次相亲经历时所描述的那个叔叔和农家院的男主人非常像。我们一问姓名，果然就是那个人。看来，那位阿姨在和叔叔草草地举行完"婚礼"后，应该就因为工资没谈拢而分道扬镳了。

经此一事，我们推理，阿姨在节目里说的内容，或许也有不完全真实的地方，身份证和离婚证虽然都是真的，但其他所叙述的事情，确实有点无从考证。

第一章 人性多棱镜

荆莹有话说

　　这件事说明了很多人在择偶时都强调希望找本地人的原因。两人相互之间地理位置太远，不知根知底，很多事情就无从考证。如果是一个同年龄段的北京叔叔和阿姨谈恋爱，通过街坊四邻、老同学、老同事，很多时候都能打探到一个人的真实情况。更何况家就在本市，去家里常坐坐，也能更好地了解一个人。

　　而对于非本地人，我们很难实地了解这个人。除了离婚证和死亡证明能查到真假，工作经历、生活经历等都很难查证。在这点上，中老年人谈恋爱确实需要小心谨慎。

　　中老年人在第一次相亲时也是一样，不能完全相信对方说的话，要大胆假设，小心求证，还可以通过共事来鉴别一个人的品行。

　　很多人也不是刻意说假话，而是习惯性地只说对自己有利的事情或者自己擅长的领域，以此放大自己的优点。这种说话方式往往会给对方带来一种错觉——这个人非常优秀，于是就对说话的人产生了很高的期待值。可是一旦发现这个人说的话和事实有出入，这种失望和挫败感会随之而来。失望是对隐瞒的失望，而挫败感其实是对自己没有分辨真假能力的愤怒。

　　提醒大家，相亲的时候，一定要百分之百地真诚。真诚是一切人际关系开展的有效基础。

画大饼的男人

很多人提出的择偶要求会让人感到非常费解。但学过心理学后你会知道，很多事情由于立场不同，教育程度不同，所处的环境不同，便会导致人的思维方式出现差异化。

举个例子，一个橘子，我看它是圆的，你看它是橘色的，他说它是甜的。三个人谁都没有说错，但如果三个人谁也不服谁，非要争论出个高低，却怎么也争论不出来结果，更是谁也说服不了谁。人的思维方式也一样，之所以每个人的观点不同，是因为看事物的角度不同。所以我们这些心理工作者在《选择》舞台上的意义，其实就是帮思维方式不同的人，用让大家可以理解的方式，帮他们重新分析事理和阐述一遍他们想说的话。

但有位黄叔，虽然我们知道他择偶要求背后的原因，知道他的百般难处，但对于他的择偶要求，我们依然会觉得有些为难，择偶对象不好找。

黄叔是何许人呢？一个地道的北京人，住在远郊区县。黄叔一共来参加过四次录制，我和他有了近距离的接触。对于他的择偶要求，我非常了解。

黄叔个子不高，其貌不扬，虽然70多岁了，但是中气十足，能看出来身体很好。

第一章　人性多棱镜

黄叔的择偶要求其实非常简单明了，对女性其他方面都没有要求，唯一也是不能变的一条就是要求女性的年龄要在55岁以下。

我们这儿的编导刚来的时候都还是未婚的小孩儿，对于六七十岁的男性必须找55岁以下的女性这个条件每每百思不得其解。

每一个刚来的小孩儿都问我们："为什么对年龄卡这么死啊？"

"有一些60多岁的阿姨看着也很年轻漂亮啊。"

科学证明，大部分女性在55岁之前会绝经，性欲会减少，这也是大于55岁的女性在相亲市场中往往不太吃香的原因之一。

对于有这种要求的男性来说，夫妻生活就跟人每天需要吃饭一样，是生存的必需品。提出这种择偶要求的人其实并没有什么不对，只不过要根据自己的实际条件，看看是否需要调整自己的择偶要求。

关于这一点，黄叔四次都始终如一，不改变自己的择偶要求。

黄叔第一次来的时候就明说了自己的择偶要求——55岁以下的女性，对地域、住房和经济条件都没有要求。同时亮出了自己的优势：

- 家里有很多收藏品，以后都是老伴的。
- 家在北京郊区一个大院子里，每年的房租有十几万块钱。
- 自己有固定的退休金，每月4000来块钱。

・孩子都很孝顺。孩子不管自己要钱，也不干涉自己找老伴。

当天女嘉宾的年龄都不符合要求，黄叔没有牵手成功。

黄叔第二次来的时候，就有四个女嘉宾是冲他来的了。这四位阿姨中有三位都符合黄叔的年龄要求，50~55岁，另外一个则超龄了。

四位阿姨都不是本地人，在北京也没有住房，不是租房住，就是做住家保姆。以我多年的录制经验，看到这样的情形其实就明白了，四位阿姨都是想在北京找个落脚的地方。如果能够通过婚姻安家也是不错的事，而且黄叔看上去人挺本分的，应该能对自己好。出于这样的考虑，对黄叔比他们大20多岁的年纪，她们并不在意。

既然是你情我愿，我们尊重大家的选择，那就注意看看谁和黄叔的匹配度最高。黄叔第一次来的时候，提到了一个细节，说自己之前也请过保姆照顾自己，但是觉得保姆手脚不干净，老是偷偷拿走他家的收藏品。当然这些人也总是干不长，最多的干了一个月也就走了。最后，黄叔觉得还是找个老伴踏实。

鉴于黄叔这样的经历，我们设置了一个情景模拟，我来扮演女儿，四位阿姨分别扮演我的母亲，也就是黄叔的后老伴。作为"女儿"的我去黄叔家做客，看见了一个收藏品很是喜欢，但我又不好意思要，就跟我的"母亲"说了，想让她们帮我要一下，看看她们四个人听到"女儿"的这个心愿分别会怎么做。

设置这个情景模拟的目的有两个：第一，考察男女双方如何应对再婚的家庭关系；第二，通过这样的考察，也能看出四

第一章　人性多棱镜

个人的性格，谁和黄叔更有缘分、更合适。

在我的设想里，可能会出现很多种情况。比如A阿姨可能会说："老黄，你这小物件按市场价卖多少钱啊，我把它买下来。"

还有的阿姨可能会劝"女儿"："你看我跟你黄叔这还没稳定呢，等过段时间再说。"

结果四位阿姨都很实在，四个人的方法基本一致，就是直接跟黄叔说"女儿"喜欢这个，你送给她吧。黄叔呢，也特别实在，都拒绝了。通过这个情景模拟，我们可以看出，黄叔和这四位阿姨，恐怕未来都不能很好地生活在一起。因为五个人经营婚姻的能力都不强，沟通的技巧也较为欠缺。大家都想各取所需，可以说属于同一类型的人。

我们这些局外人分析归分析，但选择权还是在黄叔自己手里。除了不符合年龄的那位阿姨外，其余三位阿姨黄叔都很满意，当然这几位阿姨也都是冲着黄叔来的。我们认为第二次录制后黄叔肯定能牵手成功。

可到最终选择的时候，黄叔还是放弃了。

原来，黄叔希望这些阿姨今天录制完节目就和他回家开始同居生活。三位阿姨都表示不能接受，最后拒绝了黄叔。

听到这我们都很奇怪，不知道黄叔为何这么着急。黄叔解释说自己这个年纪了，晚上自己一个人，又守着个大院子，挺害怕的，就希望屋里能有个人在。

这时观众席上一位女士突然举起了手，说她今天可以和黄叔回家。这位女士也50多岁，离异。结果就这样，两个人共同离场了。

没过多久，黄叔第三次来到了我们的节目现场，一来就跟我们大吐苦水，说又被别有用心的女性骗了好多钱。还说别人通过电视知道他，然后打电话来的人也都是骗子。

我们赶紧询问黄叔怎么回事。我们先问了一下上次节目录制结束之后，不是有一位女士跟他回家了吗？黄叔说那就是个骗子，跟他回家之后，她突然就要走，自己怎么也没留住，临走的时候对方还要走了200元打车钱。黄叔一开始死活不想给，结果女士说要报警，黄叔才给了200元钱。黄叔跟我们说，这位女士就是为了骗他这200元钱才跟他回的家。

后来通过热线电话，黄叔又认识了几个人，有一位女士还真跟黄叔住了十几天，但最后也以报警收了场。原来那位女士跟黄叔住的这十几天中，每天都给黄叔归置屋子、做饭，黄叔却一分钱也没出。女士的想法是：我虽然对你有所图，希望能在北京有个家，但是你也别拿我当带薪保姆使唤啊，日常家用、买菜的钱你还是应该出的吧。

可黄叔认为，如果给钱，这段关系就不纯洁了，我再考验考验你，只要你通过了考验，以后会给你钱的。

面对黄叔这样的想法和言论，这位女士在十几天之后终于决定要离开这儿了。但就这么走了她不甘心，觉得自己被骗了，于是天天在黄叔家门口砸门要钱要说法。最后还是黄叔报的警。警察给做的调解，说您就是雇保姆，是不是也应该按天给人结算一下工资啊。就这样，黄叔按200元一天给女士算的"工资"，最后花了2000多元完事。

第一章 人性多棱镜

说到这儿，黄叔一脸无辜地看着我们，问道："我为什么总上当受骗，总是遇到这样的人？"

听到这儿我实在没忍住想劝劝黄叔，说了一句："叔啊，苍蝇不叮没缝的蛋……"结果还没等我说完，黄叔直接急了："你怎么骂人啊？我这么大岁数了你怎么能骂我啊？"看到黄叔这么激动，我就没说完后面的话。我猜黄叔把我这句话理解成了——因为你是坏人所以才老遇到坏人，但其实我想表达的不是这样的意思。

我想表达的是，如果把黄叔这样70多岁的老人比喻成一颗完好的鸡蛋，那么把择偶年龄放在55岁以下这个要求，就是那条裂缝。而那些带有不纯目的的55岁以下的人，就是"苍蝇"。正是因为黄叔给她们开了那条裂缝，所以她们才能"飞"进来。如果黄叔把择偶要求哪怕放在65岁，或许来的人里想踏实跟黄叔过完后半生的就很多了。

荆莹有话说

我一直不提倡代际婚姻。代际婚姻是指一方为老年人，另一方为准老年人或中年人，双方的年龄差距在10岁以上。代际婚姻大部分都是老夫少妻。

代际婚姻对男性的要求其实是非常高的，这种要求不仅仅体现在经济上，对男性的情商也有很高的要求。一般来说，女性在择偶的时候更看重男性的经济条件，这是出于安全感的需要。而男性在择偶时大概率看的是女性的身材、容貌和年龄，这是出于新鲜感和性欲的需要。这两个侧重点是由男女的生理属性决定的，并没有对错，也没人可以改变。代际婚姻把男女择偶时的侧重点体现得更为极致。也就是说，能够选择比自己大10岁以上男性的女性，很大一部分是想要改善自己的生活条件，才愿意接受这样的年龄差。这种生活条件包括两种：一种是物质上的，另一种是精神上的。物质上很好解释，就是你有钱并且舍得给我花钱。精神上的则是我喜欢如父如兄的感觉，你要宠我、体贴我、关心我。你照顾我可能要大于我照顾你。这是女性在选择代际婚姻时的心理活动。

想要代际婚姻的男性要想清楚，这两方面，你是否能够完全满足？最起码也要满足一条吧。说白了就是有钱的出钱，没钱的嘴甜。

但老年男性，尤其是70岁以上的男性，之所以想找年轻的女性，多半也是希望自己的生活起居可以由别人来照顾，因为他们从体能方面已经心有余而力不足了。那么留给他们的路，似乎就只剩下出钱这一条了。如果经济上再不大方一些，那么人家为什么要找一个比自己大10多岁的人并且伺候他呢？这点很多想要代际婚姻的老年男性要想清楚。

很多想要代际婚姻的老年男性只从自己的角度和需求出发，没有意识到我上面所说的内容。这样的人还情有可原。但有些人其实意识到了，可就是不想付出，那么女性如何辨别这样的人呢？这类型的人，他们一般有一个固定的套路：

第1步，亮家底儿画饼。自己的财产状况都告诉女方，然后说等他去世了都是她的。用金钱诱惑进入自己择偶范围内的女性。

第2步，我不挑。从明面儿上来看，不是我去招惹你们的，是你们主动来找我的。

第3步，道德绑架。当你来找我之后，你应该是冲我这个人的，你怎么能冲钱呢！冲钱你就是道德有问题了，咱俩的关系就不纯了。你也不是好人了，你有目的性。所以你应该踏踏实实地跟我过日子，别谈钱，也别惦记我那些东西。

在婚姻关系中，如果男女双方都是想要占便宜的人，可能往往都会觉得自己才是那个受害者，但他们忘了中国有那么一句古话，"物以类聚，人以群分"。

糟糠之"夫"不可弃

前面提到过,《选择》的忠实观众中,有一类是非单身,但是他们很有可能在某一天转变为单身,然后再参与到《选择》中来。

胡阿姨就是这样一个人。60 岁的胡阿姨因为看节目离了婚,原因是看上了节目里的一位男嘉宾而离了婚。

胡阿姨在初婚时选择了代际婚姻,她的前夫比她大 16 岁。和大部分的"50 后"一样,高中毕业的胡阿姨被分到了一个工厂,成了工人。在工厂里,胡阿姨认识了比她大 16 岁的前夫,那年她 20 岁,前夫 36 岁。虽然年龄上有着极大的差距,但是从外貌来看,也是郎才女貌,而且前夫才华横溢,在工厂里也有着不错的职位。在前夫的追求下,胡阿姨毫不犹豫地就和前夫结了婚。

婚后两人育有一子,婚姻生活虽然平淡,但也有过甜蜜和幸福。胡阿姨在前夫身上找到了如父、如兄、如夫的感觉。但这份平淡而稳定的婚姻,在胡阿姨 55 岁那年悄悄发生了变化。

胡阿姨 50 岁的时候如期退休。由于家庭条件不错,从退休那刻起,胡阿姨就没停下旅行的脚步,从国内到国外,只要时间安排开了,胡阿姨随时就能来一场说走就走的旅行。这时的

第一章 人性多棱镜

前夫 66 岁，体力和精力也还跟得上，旅行去的地方前夫还都能陪着胡阿姨一起去。

55 岁这年，前夫已经 71 岁了。那一年胡阿姨的规划是去意大利，但是前夫不想再坐十几个小时的飞机了，而且跟团游的行程，让他的体力也开始吃不消了。所以从那次开始，就都是前夫出钱，胡阿姨自己报团旅游。有的时候能约到闺密一起出行，但有的时候，就只能一人出游。

这一天，胡阿姨又试着说动前夫和自己一起去四川，却再次遭到了拒绝。心中不满的胡阿姨拨通了闺密的电话。

"喂，小李，我是胡姐。"

"胡姐，有什么事吗？听你的声音不太对呀！"

"你有时间吗？咱们去四川玩玩吧。"

"好呀，哎？姐夫呢？姐夫也一起去吗？"

"他不去，我现在觉得他越来越跟不上我的节奏了。我想要夫唱妇随的那种感觉，可是我去哪儿他都不愿意去。之前去意大利他嫌远也就罢了，这次去四川他也不想动，我体谅他年龄大了，但是他为什么不能想想我还年轻呢？"

"胡姐，姐夫毕竟岁数大了，不愿出门也正常，你看姐夫平时对你多好啊，家务活都不用你干，连你的贴身衣物都是姐夫给你洗，哪有十全十美的人呀！"

"唉……"

随着时间的推移，胡阿姨对前夫的不满情绪越来越浓，但毕竟是延续将近 40 年的婚姻，胡阿姨此时还没有离婚的念头。直到有一天在节目上看到了一位朱先生。六十岁出头的朱先生一身运动装就登上了舞台，那份青春和活力正是胡阿姨所一直渴望的。朱先生在舞台上还表达了自己也喜爱旅游，希望找一个伴侣，两人以后可以自驾游等。这句话直击了胡阿姨的内心，她一直沉寂的内心突然被点燃了。

和前夫一起观看节目的胡阿姨强忍住马上拨通栏目组电话的冲动，打算等明天白天避开前夫和栏目组联系。此时，节目播到了尾声，朱先生和现场的一位女嘉宾牵手成功了。

当时，胡阿姨的内心不知是失望还是庆幸，内心再次归于平静……

两周之后，胡阿姨和往常一样坐在电视机前看《选择》，没想到，上次牵手的朱先生再次返场了。朱先生在台上说的话胡阿姨再也听不见了，她满心想的都是，这次再也不要错过机会了，这一定就是真爱的缘分！

第二天，胡阿姨拨通了栏目组的电话，很快和朱先生取得了联系。几次见面后，胡阿姨再次确定朱先生就是那个真命天子。和朱先生商议之后，胡阿姨决定回家和前夫摊牌。

"咱们离婚吧，你对我很好，但是你现在年龄大了，而我还年轻，我想要同出同进的生活。但是你给不了，我很痛苦。"

听到胡阿姨的决定，前夫简直不敢相信，在他的感受中，他们的婚姻一直很幸福，孩子如今也大了，第三代都有了，76岁的他没有想到自己会被离婚。

胡阿姨的前夫发动了全家老少一起劝说胡阿姨打消离婚的念头，但胡阿姨依然坚持离婚。

"好吧，我放你自由。"面对胡阿姨的决绝，疼了胡阿姨一

第一章　人性多棱镜

辈子的前夫在无可奈何之下，终于放开了胡阿姨。

离婚后的第二天，胡阿姨就迫不及待地和朱先生领了结婚证。在她看来，她的爱情、她的青春和她后半生的幸福都要来临了……

一个月后，恰逢要提前录制国庆节的集体婚礼（每次播出的节目都大约是提前一个月录制好的），编导拨通了胡阿姨的电话，想邀请他们来参加集体婚礼的录制。让编导没想到的是，胡阿姨跟编导吐了一小时的苦水，甚至表示想要离婚，就先不来参加集体婚礼的录制了。

原来，和胡阿姨几乎同岁的朱先生，在婚姻中并不会"让着"胡阿姨，相反还需要胡阿姨付出关心和体贴来"哄着"他。

胡阿姨举了一个例子：有一天朱先生买了身新衣服，回家之后一边照镜子一边试上衣，紧接着他想把裤子试一下，但是裤子放在别的屋了，朱先生就让和他在一起的胡阿姨去拿一下。胡阿姨在以前的婚姻中，都是支使前夫干活儿，自己基本没被支使过，于是就很自然地说了一句："你自己拿去吧。"没想到，朱先生就生气了。

"我这试衣服呢，你帮我拿一下怎么了？"

"咱俩都在这个屋子里，距离是一样的，你怎么就不能自己去拿呢？"

"我是你老公，我这试个衣服你也没夸夸我好看，还不帮我忙。"

……

就这样，两人因为拿衣服这么一件小事吵了半天，谁也没能说服谁。类似这样的事情还有很多，胡阿姨就想不明白了，朱先生一个男的，怎么就不能像前夫那样让着自己呢？她倒不奢望朱先生能跟前夫似的任劳任怨，还帮自己洗内衣内裤，但也没想到，婚后自己还要哄男人。

我们的编导很尽责，听完胡阿姨"诉苦"，也跟朱先生打电话了解了一下情况，并劝解了两个人很多……

荆莹有话说

很多人在婚姻中会把配偶的优点当作理所当然的付出。久而久之，就只看到了配偶的缺点，看不到配偶的付出和优点。只感觉自己压抑，却没有顾及别人的感受。

这样的人普遍是以自我为中心的。造成这种性格的原因有很多，以原生家庭中的娇生惯养最为典型。把索取当作理所应当，在一段关系中，当对方不能满足自己时，就会想要渴望另一段关系，缺少一定的责任感，并总是摆出一副受害人的样子。

所谓婚姻，就是要找到一个善良和有责任心的人。很多人只迷恋爱情，却忽略了对方的人品。爱情是暂时的，人品却是永恒的。因为当爱情淡去后，两个人的关系就是靠善良和责任来维系的。那些嘴里喊着真爱没有对错的人，只是在为自己的自私和无责任心找一个冠冕堂皇的理由。

那么如何在相亲时分辨一个人是否是善良和有责任心的人呢？如果是还在工作中的人，要看对方如何对待

第一章 人性多棱镜

> 工作和处理同事间的关系；如果是退休的人，要看对方如何处理与亲朋好友和子女的关系。
>
> 人是有社会性的，不能在工作生活中剥离出来单独一个时间段只看一个人某一段关系的处理方式，因为那些往往是有针对性和片面性的。要看泛泛的长久的关系如何处理，才能体现出一个人是否真正的善良和有责任感。

恋爱时花的钱，分手后该不该还

2019年的时候，我们组织了一次邮轮相亲游。同去的编导给我们讲了一个豪气大叔的故事。

邮轮游的行程很短，一般就是10天左右，但是对于相亲来说，10天都在一个密闭的空间里，很容易让单身男女产生情感。有一对叔叔阿姨很快就确定了关系。邮轮上有免税店，叔叔就给阿姨买了挺多的小首饰，每样都不算太贵，但禁不住买得多。所以七八天的时间，叔叔就花了1万多块钱。

结果有一天两人闹别扭，闹着分手，叔叔就说，分手行，你把买的东西都还给我。阿姨也硬气：还就还，谁稀罕你这些东西。结果阿姨就把所有东西悉数还给了叔叔。没想到，叔叔更硬气，在甲板上当着阿姨的面，把东西直接全扔海里了……

这件事引发了我们整个栏目组的讨论，毕竟谈恋爱时买的礼物、花的钱，分手后到底要不要还，这是一个全年龄段都适用的课题。最后，我们这些中青年男女呢，基本分为四个派别。

第一派——传统思维女性：不还。因为不是以骗钱为目的跟你交往，交往时也付出了真情感，所以不用还。

第二派——新时代独立女性：我也不缺你这点东西，愿意拿拿走，我要是喜欢我再自己买去。但是，还能要回去的男的

第一章　人性多棱镜

可真够小家子气的，跟你分手真是分对了。

第三派——务实派男性：还给我。因为从你这什么都没落着，虽然发生关系了，但钱都打水漂了，也没有个结果，所以心理不平衡。和你在一起的时候我也付出情感了，分手后你把钱和礼物还给我，咱们两清。

第四派——大男子主义男性：不用还。大老爷们给女人花钱天经地义。送出去的东西泼出去的水，有什么可还的。分手就分手了，和这些没关系。更何况人家女方也付出了，这些东西哪能算那么细。

经过这番讨论，我们基本得出了一个结论：就是只要不是以骗钱为目的的谈恋爱，分手后的金钱或者礼物都不用归还。但如果男方本身经济并不富足，在恋爱期间花了大量的金钱，女方可根据情况和分手时双方的状态酌情退还。

说来也巧，我们讨论完这件事没多久，节目现场就真的来了一位想要讨回恋爱时财物的蔡叔。

蔡叔来过我们节目很多次了，是北京某农村人，头几年的时候房子拆迁了，用本地话说就是"上楼"了。分给蔡叔的拆迁款没有太多，原因是家里人口少。房子倒是挺宽敞的，100平方米左右，无论是自己住还是老两口住都足够了。蔡叔今年60岁出头，不善言辞，文化程度也不算太高，又一直在农村居住，所以思维有一定的局限性。这些因素导致了蔡叔情商也不算太高，只能用"老实本分"这四个字来形容蔡叔其人。

蔡叔来我们节目的头两次，都表达了对前妻和自己孩子的愤怒。对前妻的愤怒来源于自己本本分分老实巴交，为什么还被前妻离婚了，蔡叔表示不解。

对孩子的愤怒来源于蔡叔觉得孩子不孝顺，不尊重自己也就算了，还不尊重长辈。孩子觉得蔡叔根本不懂自己，话不投机半句多，也就不再联系了。

听了蔡叔的描述，我们能分析出蔡叔的性格当中有偏执的因素，这也是他屡次建立不好亲密关系的原因。通俗一点说就是这样的人很难听进去别人的话，他有一套自己的逻辑思维体系，只要是他认为对的，就是十头牛也拉不回来。

就在我们为蔡叔择偶担心的时候，有一位女士冲蔡叔来了。这位女士是北京郊区农村人，比蔡叔小十几岁。对蔡叔来说，那绝对是年轻漂亮有活力。这位女士说话也很直白，说自己有一个上初中的女儿，谁和她走到一起呢，也需要帮她一起养女儿。大部分的支出还是她自己来，毕竟是她自己的女儿，但是一起生活起来希望男方不要算得太细。然后自己还有点外债，希望男士不要介意。之所以找蔡叔呢，就是看上了蔡叔踏实本分，而且孤家寡人一个，应该没那么多事。

听到这里，我们作为旁观者都听明白了。蔡叔是个老实人，不算计别人。蔡叔每月自己也没什么开销，工资花到女士和女儿身上应该也不太计较。蔡叔和家人的来往也不多，也不会有什么经济纠纷，只要蔡叔肯对女士好也肯花钱，不抠门不算计，女士就能踏踏实实地跟蔡叔过。

看完女士亮出的底牌，我们也很直接地询问蔡叔接得住接不住。蔡叔笑得跟朵花一样，忙不迭地点头说行。等到最终选择的时候，女士又强调了一下现在自身的条件，让蔡叔考虑清

第一章 人性多棱镜

楚。蔡叔还是毫不犹豫地说没问题,然后把花献给了女士。

事情进展到这儿,我们也衷心地为蔡叔高兴。没承想一个月后,我们再次录制的时候,蔡叔又来到了录制现场,想和我们诉诉苦。

蔡叔一来,就跟我们说他被骗了,女士骗了他的情感,还骗走了他1万块钱……原来那次节目录制后,蔡叔就和女士进行了交往,为了表忠心,蔡叔主动上交了自己的工资卡,跟女士说有需要就从里面取。女士也没跟蔡叔客气,给孩子缴学费取了一部分,还刷卡买了点小首饰。女士很快就花掉了卡里的1万块钱。就在前两天,蔡叔和女士说要分手,想让女士把这1万块钱还给自己,但是女士坚决不还。为此,蔡叔觉得自己上了当,求助无门,想让我们帮他要回这1万块钱。

听到这我们就有点纳闷了,这银行卡是您自己给女士的,人家花钱的时候你也同意,那这怎么能叫人家骗了您1万块钱呢。蔡叔说她是有预谋的,一步步给自己下了套,还说自己有短信为证。

短信的大致内容是两个人这一个月来的聊天记录,里面基本说明了几点情况:

第一,蔡叔不会微信,也不太会打字,所以不爱发短信,只要一有事就是给女士打电话。

第二,女士因为有工作也要照顾孩子,所以有些时候不太方便接电话,就会挂断给蔡叔发短信,蔡叔看见短信后并不回复,而是继续打电话。

第三,蔡叔有点事就很着急,总是希望女士能在第一时间接电话。

第四，最后一次吵架，也就是分手的导火线是蔡叔又给女士打电话女士没接。女士回了很长的一个短信，从旁观者的角度看，还是很耐心地在给蔡叔解释自己没有接电话的原因，以及希望蔡叔学会打字发短信。蔡叔看完却十分气愤，回了"我要跟你分手"6个字。短信内容到此为止，后续就是两个人的电话沟通，女士在看见蔡叔说分手之后打电话询问情况，蔡叔气愤难平，说要分手让女士还钱，至此两个人彻底谈崩，恶言相向，谁也说不通谁，然后蔡叔来到了我们的现场。

从短信内容上来看，我们也没有看出女士有成心欺骗的话语，但蔡叔一口咬定女士骗了他这1万块钱。为了帮蔡叔解决这个问题，那天又恰逢专家中有律师在场，于是我们让律师和编导给女士打通了电话来询问具体细节。

针对那1万块钱的用途，女士说主要花在了四个方面：工资卡是蔡叔主动给的，还让女士有事就花这里的钱。女士就没见外，第一笔先取了3000元给孩子缴了课外班的钱；第二笔钱给蔡叔买了一套不错的秋衣秋裤，价值1000元左右；第三笔，女士去蔡叔家住过一两次，用卡里的钱买过一些日用品；第四笔就是去给自己买了一个首饰。对于"骗"这个字，女士说不知应该从何说起。

我们把从女士那里听来的话，跟蔡叔一一对账，蔡叔说他自己一个月的工资就2000多块钱，女士这一个月就花了他四五个月的工资，反观他自己，什么都没落着，现在钱也没了，人也走了，他觉得这就是上当受骗的感觉。

听到蔡叔这么说,我们就问蔡叔,女士不是去您家住过一两次吗,怎么说什么都没落着呢?蔡叔说这两次住,女士都是带着女儿一起过来的,这住跟没住没有什么区别。

听到这儿,我们大致知道了症结所在,蔡叔觉得钱没少花,但自己什么便宜没占着,这钱花得冤。1万块钱对蔡叔这样的普通人来说也确实不少,我们讨论了好几次,要不要帮蔡叔要回来这个钱。我们分为两派:一派认为,多多少少要回来点,让蔡叔别那么难受;另一派则认为,如果没发生关系,这钱可以要回来一些,但如果发生关系了,这钱就不应该要。蔡叔坚持说没有发生关系,可从刚才女士的电话里,我们的感觉却是发生过关系了。

荆莹有话说

像蔡叔这种择偶心态非常具有代表性和普遍性。

第一,以金钱付出的多少,来衡量两个人的关系。很多男性不会甜言蜜语,也不太会用行动来关心和体贴女性,所以对一个人好的方式非常简单直接,就是花钱,花钱越多越大方,越证明他对你好。但反之,一旦他觉得你不好的时候,他的第一反应就是要回自己付出的金钱。很多时候跟这样的人交往需要体谅和理解他们,他们并不是计较金钱,而是他们只会用花钱、要钱的方式表达爱与不爱。如果真的是算计和计较钱,就不会在关系好的时候,不节制地给一个人花钱了。

第二,很难建立健康的亲密关系。正如第一条所说,这样的人往往只会用钱来维系和别人的关系，所以别人会有不被尊重的感觉。如果再是遇到偏执且控制欲强的男性，顺从他们的时候他们也会付出关爱，可一旦不顺从，脱离他们控制的时候，往往会让他们没有安全感，产生情绪失控。情绪的不稳定让他们很难和别人建立亲密关系。

但这样的人其实心地并不坏，想和他们在一起的异性需要有足够的包容心和稳定的情绪，来包容和化解他们的情绪，给予他们足够的安全感。当他们执拗和偏执的时候不和他们争吵，等他们的情绪过去后，再去耐心地给他们解释自己行为的原因，逐渐帮助他们纠正认知偏差，让他们知道原来同一件事有很多不同的角度和看法，从而使两个人达成思想一致。

这种性格的男性不适合找比自己小太多的女性，原因在前述代际婚姻中已经讲过，在此就不赘述了。相反，找一个比自己大3~5岁的女性，婚姻的和谐度会高于找比自己年龄小的女性。

第一章 人性多棱镜

不算计，才能活得更好

如果说谈恋爱分手时候的钱财好算，那么再婚夫妻离婚的时候，财产分割就是一件复杂的事了。

很多非京籍阿姨在择偶的时候，大部分都选择了代际婚姻。财产分割后，这里面分为两拨人：一拨就是分到钱或者分到房的，另一拨就是什么都没落着的。

根据我的观察，能有所得的，大概率都是丧偶的。女士的性格不那么张扬，相对稳重，结婚的时候没有太多私心，目的性有多强咱们不好评价，但从结果来看，算是人财两得。而无所得的，大部分离异居多，性格比较张扬，说话时也不加掩饰，怎么想的就怎么说，那点所谓的心眼全都说出来了，让别人一下就起了提防之心。

我见过的张阿姨就是典型的这样一个人。张阿姨是辽宁人，今年65岁，离异了两次。第一次是在老家离的。这些阿姨离婚的原因都差不多，无非那几样：酗酒、家暴。第二次离异就是在北京，和北京的一个叔叔离了婚，那位叔叔78岁，比张阿姨整整大了13岁。

张阿姨来过两次，第一次来的时候，给我的感受就是基本不用主持人采访，自己就说了一个小时，把陈芝麻烂谷子的家长里短说了个底儿掉。无论是对自己有利的话还是不利的话全说了。

她说自己当时和这位叔叔结婚就图他老实，自己像保姆一样伺候他吃伺候他穿，然后跟他一起出钱买了现在的房子，过了这么些年，两人感情也不错。在第 10 年的时候，张阿姨想让叔叔写个遗嘱，百年以后这个房子归张阿姨所有。因为这是他们两个人的婚后财产，所以张阿姨认为这个房子就不要留给叔叔的儿女了。叔叔一人不敢做主，就和孩子商量。孩子们一听，就劝爸爸说还是和这个阿姨离婚吧。

张阿姨觉得叔叔的孩子太不仁义，自己尽心尽力伺候了你们的爸爸 10 年，现在因为一个房子就让我们俩离了婚。离婚后的情况是房子一人一半，两个人各自住着，离婚没离家……

可想而知，对于这种情况，很多叔叔是不太敢找张阿姨的，果然也没有热线电话来找她……

第二次来的时候，张阿姨是看上了一位先生来的，这次张阿姨带来了一个亲友团。不知道是不是觉得上次自己表现得不太好，这次便想让亲友团来帮帮忙。

这次一来，张阿姨就强烈地表达了对叔叔的好感，以张阿姨说话的风格，在追求男性的时候倒是很占优势。直爽，热情，什么都敢说，所以在三位竞争者中一下就脱颖而出了。这时候亲友团也在下面加油助威。最后主持人就把亲友团也请上了舞台，想让亲友团表扬一下张阿姨，说说她的优点。

可能是认为上次节目说离婚没离家的事阻碍了张阿姨择偶的脚步，所以亲友团一上来就为张阿姨解释了这件事。说由于房产无法分割，张阿姨又没有别的居所，所以现在两人才被迫各居一屋。又说叔叔很仁义，也很支持张阿姨再往前迈出这一步，为此还特意录了一段祝福的视频带到了现场。

视频的内容是一位 78 岁的叔叔在餐桌前表扬张阿姨，说这些年来她是怎么照顾自己的，做饭也好吃，我们也能看到桌上放着肉和菜。这段视频正是这位亲友团阿姨那天去张阿姨家做客在饭桌上随手录的，所以平时张阿姨和叔叔的相处状态让人一目了然——虽然已经离婚了，但是叔叔的日常起居，张阿姨还在照顾，每天的一日三餐也都帮叔叔做着。

这个视频一放出来，对面张阿姨喜欢的这位先生，瞬间就转变了对张阿姨的态度，从有一点动摇又回归了冷淡。最后张阿姨还是一无所获……

荆莹有话说

在生活中我们也经常能接触到像张阿姨这样的人，热情开朗，和她做普通朋友，没事聊聊天可能还会觉得挺快乐的。这样的人没什么坏心眼，即使有，他们也藏不住，会把心里话全说出来。和这种人乍一接触的人，并不会对他们起什么防备之心，因此再婚对他们来说，其实并不是一件很难的事。但再婚后如何维护亲密关系，是他们总会碰上的难题。

和这样的人深入接触后你会发现，他们也是有自己的小心思的，虽然没有大的心计。所谓心眼都摆在脸上，"假精明"。

这样的人往往也不认为自己有什么不对，在平时的人际交往中，由于热情开朗，健谈，做事不惜力，以至于大家都会赞赏和表扬他们。这种不断的心理暗示，造成在他们的自我意识中，始终觉得自己是对的那一方，是一个受欢迎的人，所提出的要求也都是合理的，为别人考虑过的。而当一段关系破裂时，他们往往意识不到自己的问题，总觉得是别人不够仁义。

"为了房子撺掇他爸爸和我离婚。"这是很多再婚中的女性总结的离婚原因，但她们忽略了往往是因为自己先提出了对房子的要求，才让对方的子女根据她们的要求，有了后面的回应，制订了应对方案——离婚。既然是婚后财产，那么于情于理，房子都应该是一人一半的，让男士把房子写到自己名下，其实已经有了"把房子据为己有"的念头，但她们没有意识到这一点，还认为被离婚的自己很委屈，不知道自己错在哪里。

和这样的人相处其实很简单。很多时候你把他们的无意识行为点破告诉他们，他们就能意识到并修正自己的问题，他们骨子里其实不是阴险算计之人。在生活中占小便宜吃大亏，就是他们的真实写照。

第一章 人性多棱镜

再婚后，遇到的却是小心眼

如果说女人在婚姻中更爱算计钱财的话，那么小心眼的男人在婚姻中不光算计钱财，还会算计情感，或者说，方方面面他们都会斤斤计较。

《选择》这十几年来给我们提供了大量的研究样本（来参加录制的男女嘉宾），让我们发现小心眼的男性不在少数，且这样的人往往婚姻无法长久。

万叔是节目刚开播不久时来的，他个头不高，一米六五的样子，老北京人，孩子当时还没结婚。万叔在一家工作稳定的单位退休，住房也是单位分的，可以说衣食无忧，就缺一个老伴。

妻子去世后，虽然孩子跟自己一起住，但万叔觉得还是缺个体己的人，跟孩子商量后，万叔报名来参加我们的节目。第一次来的时候，孩子作为亲友团也跟着一起来了。

经济条件不差，有住房，身高虽然不高，但是谈吐得体，仪表堂堂，从我的经验来看，这样的万叔绝对是抢手的人选。

来的当天，万叔穿了一件不符合上镜要求的衣服，看到这种情况，他的孩子马上去附近的商场给爸爸买了一件符合要求的衣服。孩子的这份孝顺和万叔当天得体的表现，也给万叔加了分。

节目录制当天，场上有一位陆阿姨吸引了万叔。说实话，单从外表看，会觉得万叔和陆阿姨的匹配度并不高，因为陆阿姨比万叔高。很多时候不光女士介意这一点，男士也会很介意。但没想到，陆阿姨对万叔很有好感，两人当场就选择成功了。

常看我们节目的观众都知道，录制现场的选择结果一般不代表真的成功，只能说明两个有好感的人愿意再去深入了解一下。毕竟现场接触的时间还是有限的，台上短短的二三十分钟，不足以充分地了解一个人。因此现场牵手成功的结婚率并不高，更多人能够领证结婚是通过在节目上亮相后，和热线电话里的人接触或者周边朋友看到你是单身的情况后，给你介绍而结婚的。

但万叔和陆阿姨就是这少数情况中的一员，节目录制完三个月后，两个人就领证结婚了。

听到这个消息我们都为万叔和陆阿姨高兴，按照惯例，栏目组都会邀请成功结婚的伴侣再次回到现场来讲述他们成功结婚的秘诀和婚后的幸福故事，同时也会去他们家里做一些采访。

我同编导、摄像一起来到了万叔家里。万叔很热情，当天坚持留我们在家吃饭。在万叔做饭的时候，我们采访了陆阿姨，问了他们结婚的经过。陆阿姨说录完节目没几天，他们就把两边的孩子叫到一起吃了个饭。陆阿姨的两个孩子对万叔都很满意。万叔的孩子在录制的时候就在现场，两家人很快就热络起来。让陆阿姨最高兴的是，万叔的孩子跟她很亲近。这更加坚定了陆阿姨跟万叔走在一起的决心。

万叔没有恶习，不抽烟不喝酒，过着普通老年人的退休生活，饮食起居都很规律。这也让陆阿姨很有安全感，毕竟过去

第一章 人性多棱镜

的两段婚姻都发生了惊心动魄的事情，所以稳定、踏实、有安全感是陆阿姨最渴望的，这也是陆阿姨一眼就相中万叔的原因。

万叔对陆阿姨也很满意，他觉得陆阿姨热情有朝气，也很有活力，两个人的性格正好互补，而且陆阿姨说话很直爽，不和家里人动心眼，让万叔和她相处起来很轻松。最重要的是，陆阿姨同意婚后和万叔的孩子一起生活，这是很多女性做不到的。于是万叔便毫不犹豫地和陆阿姨领证结了婚。

婚后这一个多月，万叔对陆阿姨哪方面都感到很满意，可陆阿姨对他有一点小抱怨。原来是万叔的孩子没有固定的工作，白天经常在家。虽说把自己屋门一关，不干涉老两口的生活，但总是这样游手好闲在陆阿姨看来不是个事儿。陆阿姨这种热心肠的人就忍不住想管管。

万叔对孩子的教育方式跟陆阿姨完全不同。陆阿姨每次跟万叔说完都得不到他的肯定，因此感到如鲠在喉。陆阿姨甚至有点多心，想着万叔的孩子是不是对自己有不满意的地方才故意这样做。

带着这样的疑问，陆阿姨和万叔第二次来到了节目的录制现场。陆阿姨和在家里采访时说的一样，把结婚的经过、婚后的快乐和婚后的顾虑一同说了出来，她自己觉得没有什么不能说的，可万叔在观察室里变了脸。万叔没有想到陆阿姨原来心里有这么多顾虑，虽然平时也会跟自己念叨孩子两句，但万叔没有想到事情这么严肃和严重。

"她在台上干吗说这些啊，我以为今天就是来秀恩爱的。"万叔喃喃自语道。

万叔上台的时候，我很明显看到了他不悦的神情，但这时的陆阿姨还没有意识到自己"说错了话"。

整场节目还是很顺利地录下来了，在台上他们也认真地沟通，打开了心结。我们送上了祝福，也期待他们继续一起走完后半生。

但半年后，编导接到了万叔的电话，他说自己想离婚，希望编导能帮他要回结婚时给陆阿姨买的钻石戒指，这时我们才知道这半年他们过得并不好。

万叔给陆阿姨列出了"五宗罪"。

第一宗：录节目的时候不应该抱怨万叔孩子百般不好，这些话都应该关起门来说，可谓家丑不可外扬。而且万叔住的房子是单位分的，陆阿姨这么一说，很多老同事、老街坊会对他们指指点点，而陆阿姨并不会遭到邻里的指责。陆阿姨完全没有顾及自己和孩子的颜面，这么做太不得体，考虑得太不周全了。

第二宗：变相让自己的孩子搬出了家。节目播出后，孩子的朋友就劝孩子搬出来住，别和他们老两口裹在一起了，于是孩子就搬走了。万叔认为，如果没有陆阿姨在电视上这么一说，孩子也不会搬走，责任在陆阿姨，她是变相容不下自己的孩子。结婚的时候她说得挺好的，会把万叔的孩子当自己的孩子对待，但始终心口不一。

第三宗：因为一些小事和街坊吵架。万叔觉得和气生财，彼此又是认识的，不该吵架。因为陆阿姨，万叔现在和邻居见面都会有些尴尬。

第四宗：陆阿姨在夫妻生活方面的需求，万叔满足不了。

第一章 人性多棱镜

第五宗：不付出。万叔说天天都是自己家里家外地忙活，每天洗菜做饭尽心地伺候陆阿姨。陆阿姨虽然也做家务，但是为这个家付出的没有自己多。

听完万叔的控诉，编导总结两个人的症结，还是上次节目中陆阿姨对万叔孩子的抱怨让万叔心里一直有根刺。编导又给陆阿姨打了一通电话，想看看能不能继续调和，使两个人继续生活在一起，毕竟二婚走在一起不容易，更何况这是陆阿姨的第三次婚姻了。

没想到陆阿姨也控诉了万叔"四宗罪"。

第一宗：小心眼。陆阿姨说上次录节目的事已经跟万叔和孩子道过歉了，觉得这些事应该开诚布公地在家里沟通，并且孩子也原谅了陆阿姨。其实万叔的孩子一直也没拿这当回事儿。相反万叔一直揪着不放，隔三岔五就拿出来说一回。每次有点小矛盾也会把这事念叨一遍。陆阿姨说，难道让我以死谢罪吗？这事过去了就翻篇儿呗。

第二宗：抠门。刚认识的时候，万叔就是请陆阿姨去家里吃饭的，陆阿姨觉得万叔还挺有诚意的，而且能够下厨做饭的男人也很居家。但时间久了陆阿姨发现，万叔之所以不出去吃饭，是舍不得花钱。别人家过个生日或者特殊的日子都出去找个饭馆吃顿饭改善一下，但是万叔全都以贵和浪费钱为理由拒绝了。而且结婚后出门买菜和一些家用都是陆阿姨出的，万叔就只是在结婚前给买了个钻戒，现在还想要回去，没门。

第三宗：夫妻生活方面的需求。这方面陆阿姨和万叔说的完全不同。

第四宗：帮外不帮亲。每次自己在外面和别人有冲突的时候，万叔都是顾及自己的面子向着外人，无论有理没理都不帮自己，让陆阿姨觉得很失望。

听到两边的态度都如此坚决，编导也感慨清官难断家务事，只好向万叔转达了陆阿姨的意思，就是钻戒不会归还。

后来，万叔和陆阿姨还是离了婚，万叔也又一次以单身的状态来到了我们的节目……

另一位刘叔是一位离异未育的叔叔。刘叔个头也不高，一米六八，今年60岁。问其离婚原因，刘叔说是因为没有孩子。但如果是这个原因应该在年轻的时候就离婚，为何拖到50多岁才提出离婚呢？通过了解刘叔这段婚姻的来龙去脉，我们在场上就指出了刘叔的问题——心眼小，爱计较。刘叔一听我们的分析颇有道理，符合事实，倒也大方承认了自己心眼小。

刘叔是20世纪80年代跟前妻结的婚，婚后不久就发现前妻的身体要不了孩子。虽然是个遗憾，但是年轻的刘叔也没太当回事，觉得没孩子那咱们就过二人世界。可随着年龄越来越大，看到周围的朋友同事都有孩子，刘叔慢慢心里就不是特别舒服，每次和前妻拌嘴吵架的时候，就会旧事重提，甚至用语言伤害前妻。

看到刘叔这样对自己的女儿，老丈人对刘叔颇有意见，觉得早就告诉你生不了孩子，如果年轻的时候选择离婚也没人会怪你，既然当时接受了这个现实，现在就没必要翻旧账，这种所作所为实在不像个爷们儿。长此以往，刘叔跟老丈人的矛盾越来越多，看前妻也越来越不顺眼。夹在中间的前妻左右为难，最后在2015年的时候，向刘叔提出了离婚。

由于没有孩子，其貌不扬的刘叔在中老年相亲市场可谓"抢手货"。给他介绍对象的媒人络绎不绝。刘叔也接触了两三个，但每次都是刘叔觉得不满意。刘叔给我们举了几个他不满意的例子。

一位57岁、身高1.55米的女士，虽然刘叔觉得不太有眼缘，但是觉得女士性格挺温柔的，就先交往了试试，但最后三件事，还是让刘叔决定了分手。

第一件：女士的儿子有几件衣服小了，觉得刘叔穿合适，就给刘叔拿来了。刘叔当时没说什么，但是心里觉得别扭。一是觉得女士没有提前问他，二是觉得别人穿过的衣服你给我拿来了，是觉得我买不起施舍我，还是什么其他的原因。

第二件：接触了一个多月的时候，女士家里漏水了，就让刘叔过来帮忙。刘叔去了之后帮着一起收拾，但是在收拾的过程中，刘叔觉得这位女士不太爱干净。体现在什么方面呢？就是女士擦完地的抹布洗了一遍后就又继续擦柜子了，刘叔把这个细节记在了心里。刘叔认为，抹布应该有好几块，擦桌子的就是擦桌子的，擦地的就是擦地的，擦窗户的就是擦窗户的，必须区分开不混用。

第三件：刘叔自觉是个心细体贴的人，每次约会的时候刘叔都会给女士买水，但反观女士一次都没买过。回到家后，刘叔也会主动询问女士到没到家，关心一下。但是每次也都是自己主动问，女士从来没有主动问过刘叔，这让刘叔很不痛快。

最终分手的原因是有一次刘叔故意赌气，好几天没给女士发微信，结果女士几天也没主动给刘叔发。最后刘叔憋不住了，给女士发了一条微信："你为什么不主动给我发信息啊，这点我前妻就做得比你好。"结果女士也不示弱："你前妻好怎么还跟你离婚了啊？"

就这样，两人一个多月的恋情就此告吹。

荆莹有话说

现实生活中像万叔和刘叔这样的男性其实有很多。这类人的共通点就是在心里记小账和翻旧账。

这样的人无论是男性还是女性都会让人感到非常头疼。男性有的时候可以包容小心眼的女性，但女性尤为看不上小心眼的男性，这是为什么呢？

在心理学上有一个概念叫"社会期望"，是指群体根据个体的社会角色和身份，对其提出的希望。

比如，女性对男性的期望是坚强的，刚毅的，大度的，能挣钱的，"爷们儿"的。对丈夫的期待是有经济能力的，包容的，大度的，有责任感，稳重的，"爷们儿"的等。也许我会落下一些描写对男性和对丈夫的社会期望的词汇，但是所有这些词汇里一定不会有"小心眼"和"计较"。

当男性出现"小心眼"和"计较"这样的特质时，不仅不符合女性对男性的期待，甚至是背道而驰的，从而让女性对其敬而远之，更有甚者会直接用"看不上"这样的字眼来描述这样的男性。

第一章 人性多棱镜

那么这样的男性就不配拥有爱情和婚姻吗？答案当然是不。

我们经常说凡事都有两面性，小心眼伴随的优点是细腻的，精细的。

这种细腻、精细体现在他们会主动关心女性，会节约计算家里的开销，从过日子来说，这样的男性在家里承担了更多女性的分工，是过日子的一把好手。

和这样的男性过日子，对女性的要求会高一些，要求女性是包容的，不计较的，大大咧咧的，在性格上会有些男子气。也就是说家庭分工是颠倒过来的，即男性在家庭中更多承担女性的责任，而女性在家庭中更多承担了男性的工作。

和这样的男性相处，女性要更多地掌握沟通的主动权，及时化解当下产生的矛盾，把事都说开了，避免给这种男性记小账的机会。

这样的女性也要更加母性化，和这种男性相处，很多时候可能更像妈妈和儿子、姐姐和弟弟般相处。

而容易小心眼的男性，一旦意识到自己性格上的这点不足，也要尽力去调整自己和配偶交往的方式。主动沟通说出自己心中的疑惑和不满，力争当下的矛盾及时就地解决，不要藏在心里积压到一定程度再一股脑地说出来，防止造成冲突。良性沟通永远是人际交往中的一大法宝。

钱不是万能的

我们的专家和编导很喜爱一位王叔。王叔受专家和编导喜爱的原因是他的性格像个小孩,没什么心眼,为人处世的基本原则是你对我好我就对你好,你不喜欢我,那我也不跟你玩儿,十足像个五六岁的小男孩。王叔说话很直接,说出来的话也很逗。但这些话在一些观众耳朵里,可能会有点刺耳。王叔今年50多岁,家住北京郊区某农村,坐拥十几亩果园,由于自己没有时间打理,就租给了村里其他人。可以说是不用干活儿就能挣到钱。王叔离过两次婚,自己住个平房大院,日子过得自得其乐。

按理说王叔在这样的择偶方面是很占优势的,但找王叔的热线电话没有几个。这是为什么呢?因为王叔来了节目三次,提出的择偶要求一次比一次高。

王叔离过两次婚,第一次是自己家暴打媳妇,把人家打跑了。王叔一上来就承认了自己的错误,态度诚恳,言辞间颇有悔意。第二次是王叔提出的离婚。虽然王叔有房有地,但是在二〇〇几年的时候,王叔所住的地方没有拆迁的音信。在村附近找不到媳妇的王叔就找了一个外地来京做家政服务的人做媳妇。这位阿姨自己带着一个儿子,儿子还在上学,她也希望能嫁个北京人，让孩子在北京名正言顺地上学。两个人可以说是各取所需，一拍即合。

可王叔这个人，长相是个典型的大老粗，乍一看，会觉得这人不太好相处。第二任媳妇和王叔相处了一段日子以后，也没有被王叔的外形和内在吸引，没多久就和王叔分居了。王叔院子也大，三个人一人住一屋，互不干扰。

王叔一看这样不行，自己娶个媳妇跟没娶一样，自己还是光棍一个，还得帮着一起养孩子。这种情况下，王叔就跟媳妇长谈了一次。媳妇说：你是个好人，我也感谢你对我孩子的付出，可我实在跟你培养不出感情。这番话刺激了王叔，于是他提出了离婚，这次离婚也让他对自己丧失了自信心。

第一次来的时候，王叔的择偶要求非常简单，只要对方能看得上自己，高点矮点、胖点瘦点、有没有经济来源都没关系，能和自己踏实过日子就行。

但即使是这样的择偶要求，在节目播出后，王叔也没有收到热线——又打媳妇长得又凶，很多女士对王叔的过往经历还是心有余悸。

不过第二次来，王叔显然没有因为没有收到热线电话而受到打击，反而自信满满，提出的择偶要求也发生了改变：对女士的外形有严格的要求，必须肤白貌美，身高一米六二以上，体形偏瘦，经济条件不限。

同场的一位女嘉宾客气地表示王叔比较老实踏实，谁知道王叔噌的一下就从椅子上起来了，想要离场。下台后，王叔有些自大地在观察室说出了刚才提到的择偶要求。

那么是什么原因造成了王叔两次来的差别呢？原来是王叔家那边传来了可能要拆迁的消息。具体拆迁时间不详，但听说的消息是要把村里的房子都拆了盖成别墅区，王叔不仅能分到一套别墅，还能分到500万元现金。

兜里有钱了，王叔一下就飘了。面对王叔这样的心态，编导直接就给了王叔当头一喝，别说现在还没拆迁，就是真拆迁了，你现在的这副神态也没人敢找你，因为时刻怀疑你还会家暴！

这一句话让王叔没了脾气，果不其然，最终选择的时候，谁也没有选择王叔。这次的节目播出后，王叔依然没有接到热线电话。

这次之后，我们又举办了几次线下相亲会，王叔都报名来参加了，但我们注意到也没有女士愿意和王叔交流。但每次王叔来，都会拎着好几袋桑葚过来，沉甸甸的。通过这个举动，编导和专家觉得王叔这个人其实本质并不坏，甚至还有点单纯，通过几次的交流也终于发现王叔的心智确实并不成熟。

王叔是家里的独子，在他们那一代人里，独子并不多。他从小又是奶奶带大的，所以全家对他溺爱有加，把他捧在手心里看作掌上明珠。王叔的待人接物十分简单，想法也非常简单。

针对这一现象，编导带着一位心理专家去王叔家做了家访，拍摄了王叔的很多生活环境，希望电视机前的单身阿姨们能对王叔有更进一步的认识。在这一过程中，心理专家也跟王叔做了一番深入的交流，确实对王叔颇显成效。

第三次来的王叔，又变了一个人，择偶要求根据自身情况客观了很多，心态也平和下来。不过如果真的拆迁，钱落实到兜里后，王叔会不会又飘起来呢？

荆莹有话说

在某种程度上，"暴发户"和"拆迁户"这样的词语，有时会带有一些反面色彩。"暴发户"的典型特征就是没有积累，瞬间"膨胀"，认为钱可以买到一切。用我们老百姓的话说就是这人飘了。

我们发现，现代农村中老年男性在择偶时通常会提出和自身条件不符的过高要求。新农村改造后，这类男性普遍过上了比年轻时好几十倍甚至几百倍的生活。那些年轻时不曾想过的异性，比如城市女性、知识女性、身材长相较好的女性，如今他们都认为自己和她们条件相当。更有甚者认为钱就是万能的，只要有钱，这些女性都会投怀送抱。这种认知偏差让他们在择偶的时候开始狮子大开口，并且对女性的条件开始变得严苛和挑剔。

这类男性往往忽略了去除金钱后的差异化，如文化水平、认知水平、欣赏水平和消费观念。他们所渴望的女性往往是独立女性，即本身经济条件也不差，虽不一定是大富大贵，也大多过着小富即安的日子，其中还不乏很多中产阶级的女性。这种女性在择偶时更看重的是"门当户对"，即两个人可以聊得来，有共同的兴趣爱好，生长背景和生活背景相似。用马斯洛需求层次理论来解释的话，这些女性已经完成了生存需求，而对生长需求更加关注。也就是说，温饱等物质方面都已经获得了满足，她们现在更渴望的是精神层面的富足。但拆迁后的中老年单身男性，依然达不到这样的要求。王颖老师经常说的一句话就是："你在脑子里想一想，这样的女士你娶回家，你觉得放你们家哪儿合适？"

而因为金钱就忽略上述要求的女性，往往"温饱问题"还没有解决。她们更注重的是生理需求和安全需求：注重生理需求的人，钱不够花，衣食住行的基本生存问题没有解决；注重安全需求的人，不至于吃不上饭，也有地儿住，但是居住环境不是很好。或者除衣食住行外手里所剩的结余不多，对于未来养老没有安全感。这样的人往往可以为了钱忍受这类男性的差脾气。只图物质层面，没有精神层面可言，换言之依然是这类男性在年轻时所选范围内的女性。这种情况下就产生了供需不平衡：他们喜欢的女性——不喜欢他们；喜欢他们的女性——他们不喜欢。

那么单身的中老年男性拆迁后就娶不到后老伴了吗？也不尽然。关键这类男性要放平心态，且意识到在这个年纪已经不可能借着婚姻来改变命运了。这样在择偶的时候，条件就会客观很多。找一个和自己成长背景、生活背景相似的女性，以找性格合适的人为主要目的，朝着共同过上好日子为目标，才是两全其美的好办法。不然无论是被别人当跳板，还是被人骗走金钱，都是人财两空的结果。

第一章　人性多棱镜

再婚该不该要彩礼钱

　　中老年再婚，和儿女产生房产纠纷的人不在少数。有些是一开始儿女就不同意，还有一些是刚开始儿女没插手，但等牵扯到房产问题时，会打得不可开交。最后，老人还是被迫离了婚。

　　胡叔很幸运，是经过女儿同意结婚的那一拨人。但自认为过得幸福的胡叔，不知道后老伴心里却在盘算着离婚⋯⋯

　　胡叔第一段婚姻是丧偶。老伴去世没多久他就想找个后老伴，但是开出的条件也稍显苛刻。胡叔一米六的身高，因为上岁数了，看着好像更矮了，身体不是特别好，很多女士有些介怀。

　　胡叔擅长演奏一种乐器，他在我们节目上展示过，每天固定在家练习。编导也去家里采访过，但还是没有吸引到志同道合的文艺女中年。在择偶条件这方面，我们多次劝过胡叔，又漂亮、又喜欢音乐、又年轻的女中年不好找，而且还必须是北京土生土长的。这样的女士选择很多，不是非得跟胡叔，希望胡叔能够调整一下自己的择偶要求。但胡叔十分坚持，并多次强调，自己去世的老伴就很漂亮，这方面的要求不能降低。就这样，来了四次的胡叔都空手而归。

　　这一天录制，我没有提前看文案，在来录制的路上我看到了胡叔。我不自觉地眉头一锁，心里想的是胡叔今天又来了，我该跟他说点什么呢？怎么才能让胡叔听进去呢？

没承想，胡叔今天不是一个人来的，他还带来了新老伴。是的，胡叔结婚了，对象是一个比胡叔小9岁的非京籍女士。除了不是北京人这一点，其他全部符合胡叔的要求，阿姨喜欢音乐，喜欢唱歌，个子也高，长得也好看。

胡叔牵着阿姨的手一脸甜蜜地上来了，可阿姨的脸上没有挂着太多笑容。编导给我们播放了一段叔叔阿姨在家时的视频，看完之后，我们终于找到了原因。

视频分为三个部分，一部分是胡叔弹奏乐器，阿姨在边上拿着麦克风唱歌，画面很和谐，两个人也都很高兴。但到了阿姨自己阐述的部分，画风突变，有很多怨气。原来胡叔住着一个一居室，家里不大，东西却很多。用阿姨的话说就是屋里没有下脚的地方。客厅摆满了快递箱子，厨房也堆满了瓶瓶罐罐。抽油烟机上还都是油泥子。阿姨说，第一天来胡叔家，就洗了好几轮衣服，整理这个家也整理了将近一个月，自己买了很多收纳的东西来整理。在视频里，阿姨每拿出来一个收纳罐，都是重重地砸在桌子上，从这个肢体语言我们也能看出，阿姨的心中十分不满。

视频中的内容又变了一下，这回轮到单独采访胡叔。胡叔的意思大致就是对阿姨非常满意，说把自己和家里照顾得非常好，希望能和阿姨携手走完后半生。

看完这个视频，叔叔的脸色有点变化，但是阿姨依然不以为然，嘟囔了一句："当然对我满意了，我这就跟不花钱的保姆没区别。"

第一章 人性多棱镜

听到这句话，我们三个嘉宾互相交换了一下眼神，我还小声问了王老师一句："今天不是来秀恩爱的吗？怎么跟要闹离婚似的。"

果不其然，今天阿姨真的是带着离婚的目的来的，而胡叔却被蒙在鼓里。

原来第一次和阿姨见面的时候，胡叔穿得像个绅士，西装配个小礼帽。一直在北京做家政照顾老人的阿姨觉得自己捡到宝了，第一次见面就允许胡叔亲了自己。

交往后没多久，胡叔就提出想结婚，阿姨说结婚没问题，但是你得给我8万块彩礼钱。胡叔回家跟孩子一说，孩子就跟胡叔大吵了一架，怀疑胡叔被人骗了。但是胡叔当时沉浸在热恋中，没有尊重孩子的意见，还是给了阿姨8万块钱。钱到人到，阿姨马上就和胡叔办了结婚手续。

办完手续，阿姨辞去了照顾老人的家政工作，搬来了胡叔家，结果一进家门傻了眼。阿姨觉得自己从照顾90多岁的老人变成了照顾60多岁的老人，以前起码是份工作，管吃管住，每月还能拿到几千块钱的工资。可跟胡叔结婚后，还是管吃管住，但是工资没有了！胡叔也不把财政大权交给阿姨，每次阿姨说要用钱，胡叔都是去银行几百元几百元地给阿姨取，用完之后还要对账，这让阿姨感到很不舒服。

拿跟胡叔结婚后的生活跟婚前比，阿姨觉得自己亏了，以前起码还挣钱，现在不仅不挣钱，自己有的时候还得贴补家用的钱。她觉得自己很委屈。这就是阿姨的心理过程。

听完阿姨的这番讲述，账算来算去把自己"算亏了"，你说这阿姨算不算聪明反被聪明误呢?我们三个嘉宾真有点哭笑不得。

我们决定给阿姨泼一盆凉水,把阿姨上述没有挑明的心理过程直接摊开了放在她的面前,说得她脸上青一阵白一阵的。而我作为一个小辈儿直接说出了自己的感受:同样作为孩子,如果我父亲现在要和一个阿姨再婚,而那个阿姨也提出了要8万块钱的彩礼钱,我可能这婚都不会让你们结……说得阿姨目瞪口呆。

最后我们中肯地给了胡叔和阿姨一些建议,认为两个人都有需要调整的地方,婚姻里更要多一些包容,少一些计较,这样才能长久。

后续胡叔和阿姨又过了多久,我们不得而知,到现在也没再得到胡叔的消息。在这儿,也只能祝福胡叔和阿姨,希望两个人对于婚姻的想法都有所改变吧。

荆莹有话说

先说再婚该不该要彩礼钱,这个问题困扰了很多中老年男性。其实这个问题很好解决,即彩礼的意义是什么。初婚的时候,结婚的两家父母会拿出一定礼金,男方是彩礼,女方是嫁妆。这两笔钱是用于小两口新家的启动资金。也就是说,无论是彩礼还是嫁妆,其实都是为了让这个小家庭过得更好。

中老年再婚也一样,如果男方给了彩礼,那么女方也应该拿出嫁妆来,共同放入这个新的再婚家庭,这两笔钱就成了两人的共同财产,日常开销都可以从这里面支出。否则,我们要彩礼是为了什么呢?为了一笔买卖吗？那么我们自己是商品吗？

接下来再说胡叔。胡叔和阿姨这样的例子，其实屡见不鲜。

随着一线城市的养老需求越来越多，越来越多非一线城市的人过来照顾老人，顺便为自己找个家。能请家政人员照顾老人的家庭，基本是小康水平以上的家庭，在这样的家庭里长期生活，就会对自己未来要组成的家庭有一个期待值，而这个起点会比以前在老家的时候定得高。长期照顾老人，会让人心理疲惫，产生逃离感，这也成了很多家政人员找对象的心理动因，这也是她们容易"闪婚"的原因。

但是想象和现实永远是有差距的，更何况以逃离为目的的婚姻，其实是没有做好充分的心理准备的婚姻。

在这里也提醒很多女性不要闪婚，一定要在婚前多接触和观察结婚对象。比如，提前去男士的家里看一下，或者和男士身边的朋友、亲戚接触一下，多方面了解一下准结婚对象的脾性和生活习惯，才不会"嫁错人"。再有，遇事不要想当然地向外归因，要有自省的能力。很多男性也好，女性也罢，都不理解为何对方的孩子不同意父母的婚姻，只是将其单纯地归结为孩子不孝顺，或者配偶的软弱，这都是片面的想法。我们只有充分了解一个人和一个家庭，设身处地地换位思考，去为他人着想，才能知道事情的症结所在，从而找到解决问题的方法。

在日常生活当中，我们也会发现很多人理直气壮地认为自己什么都没错，一切都是别人的错，这样的人都属于向外归因的人。这种推诿已经成了一种惯性。缺乏自省能力的人，需要外人来点醒他们和道出他们的不足。而不能只听他们诉苦，盲目地支持他们，这样反而会对他们的婚姻产生更大的破坏力。

像上述故事这类的男性，在择偶时也对自身的认知能力有不客观的地方，选择交往的结婚对象和自己也并不平等，即使在物质上对方是低于自己的，但对方的需求和目的往往是高于自己的。

这也是为什么很多北京男士总说自己被外地女士"骗"。其实对这种说法，我十分不认同。

每个人，无论男女，在走入婚姻的时候，都是抱着相扶到老的态度的，当然这中间因为不同的人和环境会夹杂着一定的目的性。但是当两个人共同努力的时候，很多抱有目的性的女性可能被感化。举个例子来说，外地的女性可能因为户口问题找了一个北京的男性，如果男性在婚姻中没有因此高高在上，而是和女性相亲相爱，那么两个人对婚姻会达成共识，就会磨合出情感，共同走下去。反之，男性如果觉得自己条件好，在婚姻中充当大爷，没有给予女性足够的平等和尊重，那么女性就会觉得这段婚姻我们各取所需，毫无亏欠，当达到目的后，会头也不回地走出这段婚姻。

我们常说，人心都是肉长的，如果我们每个人都抱着最大的善意去理解对方的语言和行为，那么婚姻课堂其实没有那么难修。

第一章 人性多棱镜

再婚，你看对人了吗？

中国有句古话："百善孝为先。"从古至今，儿女孝顺流传为一段段佳话。而评判一个人的人品怎么样，先要看这个人是否孝顺父母。很多中老年人在年轻的时候，更是把孝顺作为一个择偶标准，或者说，孝顺被灌输成了一个择偶标准。可如今，这个择偶标准在慢慢发生变化。

我们发现一个有趣的现象：很多比较抢手的叔叔在第二次回访的时候，会有很多女士来找他，一起同台竞争。这些叔叔或许是因为没负担，或许是因为经济条件好，或者还有其他这样那样的优点。不过有一个特点是共通的，那就是父母都已经去世了。

每当问到女士是因为什么看上叔叔的，这些人的回答都是"孝顺父母"。但是那种到现在还跟父母一起住，真的身体力行地照顾父母的叔叔们却无人问津。问及阿姨们为什么时，她们的回答也很一致："因为他还要照顾父母。"

每当这个时候我们都很哭笑不得，你们不是就喜欢孝顺父母的吗？难道是叶公好龙……

不过那天真的来了一个孝顺父母的朴叔，来给我们普及了一下他们兄弟几个是如何赡养父母的。凡是想跟他谈恋爱的人，在这方面完全不用担心会被连累。

朴叔看着挺忠厚的，人也胖乎乎的，从第一印象来看，不会给人带来威胁和压迫感，是很多女性喜欢的择偶类型。

紧接着朴叔的关键词出来了，其中就提到了现在还要照顾母亲。为了打消很多单身女士的顾虑，朴叔给我们详细地讲述了现在照顾母亲的日常流程。

原来朴叔家里有兄弟4个，他是老大。老母亲每月有将近4000元的退休金。兄弟4个人每天排班，轮流去照顾母亲，去的这一天可以得到100元的"工资"。也就是说，谁去照顾老母亲一天，就可以拿到100元。那么这个钱是谁出呢？从老母亲的退休金里出。如果按1个月有30天来算的话，1天100元，1个月就是3000元。老母亲去除3000元的照料费，自己手里还能结余1000元，这1000元就作为老母亲的日常开销。如果还有结余，就放到老母亲自己的账户里存起来，作为以后看病开药的医疗金。

朴叔每周起码去两次，有的时候别人有点事去不了，朴叔也会很踊跃地去替班，因为去就有100元拿，所以朴叔也没觉得吃亏。

朴叔说下面的兄弟几个都不太愿意去照顾老母亲，自己是老大，理应扛起照顾妈妈的责任，但是自己的岁数也不小了，便想出了这样的机制来激励大家去照顾妈妈。朴叔说的时候一脸自豪。

下面的观众也频频点头，台上的女嘉宾还赞许了朴叔的这个机制。但从这个机制里，我看到朴叔的性格特点——朴叔是个有主见且精明的人。

在我的观念里，赡养老人是子女的义务和责任，怎么去照

第一章 人性多棱镜

顾自己的妈妈，还要花妈妈的钱呢？我并不是反对领"工资"的这个机制，这个机制确实刺激和激励了大家轮流照顾，从结果上看这个机制是没有问题的。我在意的是"工资"的来源，它来源于母亲的退休金。

我在台上很明确地表达了自己的观点，我认为4个子女可以每人每月给母亲1000元赡养费，等于总计是4000元，然后子女们依然可以谁照看谁领工资，这样一来除去3000元，老母亲每月还是能有1000元的生活费，如果不够再从自己的退休金里出也没有问题。

不过我的这种观点没有得到认同，相反大家还觉得朴叔家能这样"和谐"，跟很多多子女家庭因为赡养老人打成热窑比已经很好了。

朴叔每个月有将近6000元的退休金，再加上照顾母亲的"工资"，能有8000元左右的收入。对于很多女士来说，这种退休收入已经很好了。但如果是抱有"嫁汉嫁汉，穿衣吃饭"这种老观点的女士想和朴叔谈恋爱，是占不到任何便宜的。果不其然，让我言中了。

朴叔的节目播出后，有两位女士来找他，问到她们喜欢胡叔什么，两位女士又异口同声地说："孝顺。"

我们之后一起看了编导拍摄的朴叔家里的视频。

在视频里，朴叔家里很整齐。但我在视频里捕捉到的是朴叔家满满当当的东西，有很多老物件他都不舍得扔，堆在那里，其中一个貂皮的帽子更是很有年代感。

视频播放之后，我再次说出了我的分析——朴叔是一个很节俭的人。我也再次强调了朴叔第一次来时给我留下的印象：精明，节俭。对于我的这些话，朴叔全盘接受。

这时我跟两位女士说，和朴叔这样的人在一起生活，他可能不会太舍得给女性花钱，跟谁都一样，即使是他再喜欢的人可能也不行，因为他很节俭，很多东西都用了几十年还保存得很好，只要一样东西不坏他就不会换新的。

在仔细思考并跟朴叔求证后，两位女士放弃了选择……

荆莹有话说

很多女性离婚后总是会抱怨自己的前夫有多么的不好，有一些女士会说自己年轻没有眼光，但还有一些人就真的认为自己遇人不淑。

其实当一个人站在你面前时，他的一些生活细节、言谈举止都在告诉你他是一个什么样的人。但很多人就选择自己想看到的那一面，比如这个人是不是有房，是不是有钱，是不是不用给别人花钱。事物都有两面性，择偶的时候只选择性地去看好的而去忽略不好的，这怎么能行呢？这样婚后那些缺点和问题就会全部暴露出来，再后悔就来不及了。

我做咨询时曾接待过一位"巧克力大姐"，这个外号是我给她起的。在跟我讲述她的婚姻的时候，她的第一句话就是：我前夫婚前婚后变了一个人，结完婚把我骗到手之后他就变了。

听完她的讲述后，我就告诉她，你前夫自始至终都

第一章 人性多棱镜

没有变。她才明白是自己不会识人，看事物只看到了局部而没有看到整体。

"巧克力大姐"的故事很简单，在一九八几年的时候她和前夫都是工厂的工人，前夫为了追她就总给她买巧克力。于是大姐就觉得前夫对自己特别好，特别舍得给自己花钱，就这样被打动然后结婚了。但结婚后她发现，前夫经常招呼朋友来家里吃饭或者和朋友出去吃饭，而且不计成本，总是自掏腰包请朋友吃饭。

大姐对这个情况十分不满意，觉得前夫不顾家，钱不知道留给家里人，全都给别人花了。一来二去两人的矛盾越来越多，最后以离婚收场。

看到这儿，您觉得"巧克力大姐"的前夫变过吗？

没有变过。

婚前出手大方——一九八几年就老买巧克力。

婚后出手大方——请朋友吃饭。

他一直是一个出手阔绰、不去算计、热情豪迈的人。

巧克力大姐也没有变，婚前没有通过现象看到本质，婚后依然没有，只是错误地归纳了原因，认为前夫是不顾家。其实大姐应该在婚前考察一下前夫的家庭背景，看看到底是因为经济条件好才出手大方，还是家境一般但是不算计着过日子的出手大方。

如果是前者，那么大姐比较幸运，婚后也不会为了油米酱醋茶而吵架；如果是后者，那么想精打细算过日子的人，就不要选择她前夫这样的人去结婚，也就是说消费观念和家庭观念不同的人结合要谨慎。

经济基础好的人，择偶要求是什么样的？

这 12 年来，我见过的经济基础好的人有很多，男女老少都有。这种好到什么地步呢？一般都是千万身家的。在老百姓看来，这就很不少了。他们只要敢在台上亮出自己的家底，追求者很快就来。

经济条件好的人里女性普遍比男性多。虽然男人也好财，但在传统价值观里面，男性普遍还是认为自己应该比女性强，所以经济条件好的女性，通常上节目后反响平平，一方面是碍于面子，很多男士不想上台让别人看见自己倒插门；另一方面就是很多男性会有压力，不愿意找强于自己的女士。

对比经济条件好的女性来看，经济条件好的男性市场就好得多。只要你身家上百万，无论你亮的是房产、企业还是股票，单身女性照单全收，每次都有上百个女士喜欢他们。

其中最有代表性的是三位叔叔：布叔、艾叔和黎叔。

先讲讲布叔的故事。也巧了，就在我打算写布叔之前，我刚得到一个消息，有一位大姐把布叔告上了法庭，理由是布叔骗走了她 500 万元。对于这件事布叔也认，说他确实管那位大姐借了 500 万元，所以法庭就宣判布叔要偿还女士这 500 万元。但是布叔说了，钱去做投资了，结果赔了，确实没钱。女士说

第一章 人性多棱镜

那你卖房卖车把这钱还我啊，结果发现布叔名下一没房，二没车，三没存款。

布叔说话很有技巧。布叔是西北人，西北男人给人的印象就是实在、敦厚。一般人听西北大汉说话，都不疑有他。布叔说自己以前当过兵，后来自主择业回到西北做了一家企业，还给我们带来一些传统媒体对他的介绍。有这些东西摆在这儿，至少布叔的身份是真实无误的，他自己说的一些头衔也都是真的。

紧接着布叔就说自己在很多省市有房，不过他很低调，没有具体说数量，房子在谁的名下，也没有说得很清楚。布叔说自己已经投资了过亿元资产。看到这些介绍，很多人心里都默默地给布叔贴上了一个标签：亿万企业家。

布叔的择偶要求也很简单，首先年龄要比自己小五六岁，其次这个人最好是会计，或者是能帮助自己打理企业。这样他们既是夫妻，又是合伙人。

这一次亮相果然吸引了很多女士来找布叔，这让他有了很多选择的余地。

这件事发生后，借钱给布叔的大姐做了很多搜证，发现布叔的这些房产都有居住权，但是没有买卖权。还有的房子是布叔给孩子买的。布叔说自己有房并不是撒谎，只是谁也没想到，这些都不是布叔名下的房子。而当法院强制执行的时候，发现布叔没有可以变卖的资产还钱……

艾叔和布叔不同，艾叔真的是自己名下有实业。艾叔是北京人，但比布叔大个10来岁，一头白发，今年已经快80岁了。

艾叔经营着一家机构，我们也去实地考察过，艾叔的子女也都跟我们见了面。不过艾叔名下在北京没有房，在国外有房。这一点一上来艾叔就说得很清楚。所以哪位女士如果想和艾叔一起过，就要接受他现在的这种生活状态。

艾叔也是想找一位还能帮他一起打理事业的人。但是艾叔对年龄卡得非常死，就是女士不能超过55岁，也就是还在工作中的这种状态。

艾叔参加完节目后，喜欢他的女士有三位，三位女士都不超过50岁，其中最小的一位，只有40岁出头，也就是说，她比艾叔小了30多岁。

最后，艾叔选择了这位年龄最小的女士进行交往。

俗话说，宁拆七座庙，不破一桩婚。但是看到此情此景，我极力去拆散三位女士跟艾叔在一起。甚至非常直白地说，这三位女士不会分到一点财产。

艾叔的事业以后肯定会由子女接手打理，所以子女对艾叔配偶的期待值就是你照顾好我爸就行了，生活费方面肯定不会亏待女方。但后续再多的家产获得，就是未知数了。未来非常明朗，可三位女士还是坚持自己的选择，拦也拦不住……

黎叔也是一来就亮出了自己的家底。黎叔有市值600万元的股票在手里，也开具了证明，确认是真实无误的。黎叔是离异的，但是一直没有孩子。黎叔的择偶要求就一句话："想找一个遗产继承人。"

就这一句话，来了五十几位女士让黎叔选择。这五十多位女士可以说几乎涵盖了女性的所有类型，有小家碧玉，也有大家闺秀的，有粗犷豪迈的，更有温柔似水的。

如果是一般人，恐怕已经选花眼了，但黎叔很坚定也很明确。那么黎叔选的是什么类型的呢？

年龄最小的。为什么是年龄最小的呢？因为六十多岁的黎叔早在第一次说择偶标准的时候就说了："想找一个遗产继承人。"

这个遗产继承人是妻子吗？不，是孩子。所以，黎叔选了一位年纪最小的、未育的、还有可能生小孩的女士作为了自己的交往对象。

不是黎叔套路深，而是你涉世还未深。人家早就把答案揭晓了，可很多女士还是抱着侥幸心理来试试，还有一些人没有听明白黎叔背后的含义，追求行动就像飞蛾扑火一样。

综上所述，经济条件好的男士喜欢什么样的？喜欢年龄小的？喜欢同等条件的？

都不是。

荆莹有话说

真正经济条件好的男士，鲜少来电视上相亲。偶尔碰上那么一两个，都是有特殊需求的，且他们的需求和他们的金钱量不够匹配。

简单来说，就是这类男性的择偶要求在现实生活圈子中都找不到他们理想的配偶类型，所以他们主动来到电视平台或者网络平台扩大自己的择偶范围，但是遇到双方都契合的概率依然不足5%。

在现实中如果通过朋友介绍或者通过相亲，成功的概率更低。

不要认为在现实生活中碰不到的人，在婚介所、电视上甚至网络上就能碰到，或者人家就会选择你。你是什么样的人，你就处在什么样的圈子，接触的就是什么样的人。总想着靠婚姻来跨越阶层，如果年轻的时候没做到，这把年纪实现起来，其实更加困难。

第一章　人性多棱镜

国外的月亮就是圆的吗？

如果说经济条件好的男性受欢迎程度排名第一，那么排名第二的就是外籍华人了。

最受欢迎的要数2012年期间一位来自美国的王叔了。王叔是学物理出身的，也是老牌的大学生。工作没几年就被派到美国去了，这一去就没回来，一直在那边工作。离异的桥段很老旧，无非就是和妻子两地分居，一个在国内一个在国外，最后妻子不愿意过去，以离异收场。

离婚后，王叔把孩子也办到国外去留学了。现在孩子也在美国定居，王叔是彻底不会回国了。但是这年回国探亲的时候，王叔插空来相了个亲。

王叔虽然不是玉树临风，但是知识分子那种文质彬彬的样貌还是有的，一米七五左右的个子，60岁出头，还是挺精神的，可以说外在和内在都有了。

果不其然，热线电话有200多个，来节目现场跟王叔见面的女士也有好几拨，每次都是十来个，但是王叔一个也没挑上。

王叔倒是很务实，并不是那种一心想找年轻漂亮的人，他更想找的是一个跟自己条件相当，能和他一起定居美国，携手到老的人。从王叔的自身条件来看，他提出的择偶要求其实并不过分，但来的人还是基本不符合要求，零星有那么一两个基本达标的，王叔又觉得没什么眼缘。

就这样相亲了半年多，王叔还是独自一人回美国去了。

刘叔是一个加拿大籍华人，一米八几的个子，皮肤白净，戴个金丝眼镜，年轻的时候肯定是个美男子。和王叔不同，刘叔是20世纪80年代去的加拿大，在那边一直是开出租车的。刘叔当年把妻子也带去了加拿大，按理说应该过上好日子了。可前妻嫌他一直开出租，挣不到大钱，早早地离了婚。在异国他乡，刘叔单身了十几年。过了60岁那一年，刘叔思乡心切，于是就产生了回国的念头，想在北京找个老伴过日子。但是刘叔还是希望回到加拿大，毕竟在那边过习惯了，觉得还是那边更熟悉，所以想找一个愿意跟他去加拿大生活的人。

刘叔也是绝对的热线大户，100多个热线电话。他也跟很多女士见了面，但还是没有成功。原来刘叔在加拿大生活这么多年，一直没买房，这恐怕也是前妻跟他离婚的原因之一。那刘叔在加拿大住哪儿呢？租房住。很多中国中老年女性理解不了，说你这么多年在那边也没打拼出房产，到现在还居无定所的，那我没法跟你去，我这自己在北京一套房、两套房住着就挺好，不想去国外再跟你漂泊了。很多人就打了退堂鼓。

那没打退堂鼓的是哪些人呢？是那些在北京漂泊的人。人家想了，我在哪儿漂不是漂啊，去加拿大漂更自在。但刘叔想了，我一人漂就算了，两人漂别再沉了底儿。

最后刘叔也是独自一人回加拿大养老去了。

华叔，日籍华人，因为新冠疫情回到了北京。回北京之后

第一章 人性多棱镜

无意中看到了我们的节目，觉得挺好，他就想看看能不能找个老伴儿一起回日本生活。华叔的老家就是北京，当年也是从北京去的日本。华叔打小家庭条件不错，小时候学的艺术，后来去日本上的大学，然后就留在日本工作了。

华叔走的时候也把女朋友一起带了过去，两个人在日本成立了自己的小家庭。孩子出生以后妻子就做起了全职太太，华叔努力打拼。为了家庭华叔弃艺从商，生意一直起起伏伏的。最后回国做起了生意，这样他就和妻子开始了两地分居的生活。在国内的生意一开始干得很好，到2003年的时候，"非典"开始了，原先挣的钱都赔光了，还把家底也赔了进去。事业的失败也连累了婚姻，没过多久，妻子也跟华叔提出了离婚。

离婚后华叔变卖了一些产业，最后在东京的郊区定居下来。华叔的择偶要求也很简单，就是找个合眼缘的人一起回日本过日子。

彬彬有礼的华叔给我们留下了很好的印象。日本离中国又不像美洲国家那么远，我们认为华叔应该很快能找到合适的对象，可结果并不理想。

曾经有三位女士分别和华叔相过亲，问到他们喜欢华叔的理由，三位女士都很直接。

第一位女士说，因为我女儿在日本。

第二位女士说，因为我以前旅游去过几次日本，挺喜欢那儿的。

第三位女士说，我挺喜欢日本的生活状态的。

这样的言辞一出，很容易让人理解为她们只是喜欢日本这个国家，或者想去日本生活，而并不是因为喜欢华叔这个人，才愿意离开故土和他一起去日本生活的。

荆莹有话说

从这些外籍华人择偶的结果来看，我们可以归纳出典型的择偶错位。举个例子，身高一米六的女性想找一米八的男性，但一米八的男性想找一米七的女性，一米七的女性想找一米九的男性。

很多外籍华人都想找和自己条件差不多又愿意去国外生活的女性，但现实中有很多条件不如自己，但又想去国外的女性。

那么外籍华人在国内就很难找到理想的对象吗？某种程度来说，确实是这样的。摆在他们面前的选择有两种：一种是找到符合心中理想型伴侣的人，自己留在国内；另一种是恰巧碰上一个也是孩子定居国外的异性，且她刚好最近想出国定居，但前提是，这样的女性还得和他们产生了感情基础。因为在和普通外籍华人条件相当的女性眼里，他们的条件并不是十分优秀，只是定居在国外而已。

这类男性在择偶时其实也是做过衡量的，知道出国对很多人来说是很好的诱惑条件，但是他们同样要承担自己是跳板的风险。这也是他们提出要找条件相似女性的原因。

这种择偶错位造就了虽然外籍男性中老年华人在相亲市场上很吃香，但是成功率很低的结果。

第一章 人性多棱镜

你遇到过老年"妈宝男"吗?

　　如果一个男性在 67 岁这个年纪,烫着一头卷鬈发,就像梁天在电影《二子开店》里面的那个造型(穿着花衬衫,戴着金手表,喷着香水),作为和他相亲的同年龄段女性,请问你会对这样的男性留下怎样的印象呢?还会和他再见面吗?

　　黄叔就因为这样的外在形象,单身了 20 多年。

　　黄叔第一次来是 2010 年前后,那一年黄叔 56 岁。用黄叔的话说,我们这个节目给了他找对象的希望,他一直不明白这么多年自己为何还是单身。他觉得自己长得还算精神,虽然个子不高,但是身材一直保持得很好,也没有发福,更没有中年男人的啤酒肚。穿衣打扮他自认还是有点品位的,至少和普通老年男性比,自己是个翘楚。而自己最大的优势就是没有孩子,既生活在一线城市,又有属于自己的独立住房。"上无老下无小"这样的属性,让他把自己评价为黄金光棍——很好找。所以他就来报名相亲了。

　　乍一见黄叔,他确实让我们眼前一亮。黄叔有自己的穿衣特点,有自己的性格特点,是一个与众不同的人。

　　看到这儿,很多读者是不是已经品出点滋味,找到黄叔这么多年单身的原因了?对!就是因为他"特殊"。

黄叔这个人没什么心计，性格也很直爽，想什么说什么。不过我们重点呈现的还是黄叔这一身行头，当然这也是黄叔最得意的部分。黄叔说自己每天早上都必须喷香水、弄发型，如果不弄自己根本就不出门。

但我们一致希望黄叔能换一个形象示人，也就是说，让自己普通点，跟同龄人看齐。如果黄叔能做到这一点，以他的条件，其实非常好找。

关于这个建议，黄叔非常不解，他觉得这就是最真实的自己，难道就没人喜欢这一款吗？

鉴于黄叔的性格，我们也直言不讳地说了，真正靠谱想成家的人，都不喜欢他这款。

第一，没孩子对很多成熟的女性来说，不一定是优势，反而是劣势，尤其是黄叔现在的心态和状态，她们会觉得没有孩子这件事，没能培养出黄叔这个年龄段应有的责任感。

第二，黄叔这个装扮在女性眼中看来是容易招蜂引蝶，很多真心想成家过老百姓日子的女性，不想给自己找麻烦，所以她们就把黄叔绕开了。

引以为傲的装扮没有得到我们的认同，黄叔有点接受不了。"不信邪"的黄叔决定靠自己的渠道，继续走在择偶这条路上。

直到10年后，黄叔再次找到了我们。10年过去了，虽然年龄增长了10岁，跨入了60岁这个行列，但是从外表和心态来看，这10年，黄叔基本没变样，还是那羊毛卷的发型，金表花衬衫，身材也还是那么瘦小精干。

一开口黄叔就说："我又来了。"语气里透着些许的无奈。

原来在这 10 年里，黄叔自己也谈了几场恋爱，但是时间都不长，最长的估计也不超过三个月。黄叔还是当年的那个困惑，自己为什么就遇不到靠谱的女士呢？对方不是贪玩就是不靠谱，恨不得一天都不着家，老在外面飘着。更有甚者一脚踏几条船，在和黄叔交往的同时还和几位男士交往。

黄叔说一过 60 岁，明显感觉到自己的身体比不了年轻的时候了，现在对于家的渴望日益增加。这是没辙了又来找我们了。黄叔希望能好好地坦露一下自己的心声，让那种能踏实过日子的女士多看看自己。

对于黄叔的这种困惑和无奈，我们又给黄叔深入地分析了一下，告诉黄叔，为什么这身装扮，就没有所谓的靠谱女性愿意和黄叔交往。

我们通常说，一个人的性格和内心是通过衣着打扮和行为举止反映出来的。黄叔这样的装扮，给一般人的第一印象就是"花花公子"或者"招蜂引蝶"。当然，这也是一种刻板印象，也就是说，由于大部分这样穿着的人都是这种性格，所以人们只要一看到这种穿着打扮的人就会把他们归类到"花花公子"这一印象中。不喜欢"花花公子"的通常都是所谓的靠谱女性，所以她们一打眼，就不愿意和黄叔做深入交流。

也就是说，黄叔根本没有创造机会让这些女士更深入地了解他的性格，来了解黄叔不是表面上给人的不靠谱的感觉。

之所以我们一直希望黄叔换一个装扮相亲，其实是在做"印象管理"。这件事对于任何人相亲都是挺重要的一件事。

这就相当于我们第一次去面试或者参加重要场合时要穿得

端庄稳重是一个道理，两者都是在做印象管理，给人留下端庄稳重的印象。即使本身的性格是开朗好动或者不那么踏实安分的，但是穿着得体的打扮，更容易给人留下良好的第一印象，人们相互之间才会有可能愿意继续深入交往。

当黄叔愿意脱去这一身装扮，打扮成普通人的样子时，才有可能接触到普通人。这时他再通过自己的性格和诚意去打动别人，当两个人产生了感情之后，黄叔可以慢慢换回以前的装扮，甚至影响对方。当然，黄叔也有可能被对方影响，从而彻底放弃自己的这一身行头。毕竟在相亲的时候就我行我素、坚持己见的人，怎么能让对方相信，在今后的婚姻生活中，对方愿意迁就和包容自己呢？尤其中老年人再婚，更要慢慢放下自己以往独特的性格和生活习惯。两个人彼此磨合，不断努力，达到一个平衡。

这其实也是黄叔一直不好找另一半的一个原因。他表面上坚持的是穿着打扮，骨子里其实还是有自己不能让步的性格特点的。经过这么多年的碰壁之后，为了达到成家的目的，黄叔就需要自己适应和调整。

就在我们掰开揉碎、苦口婆心地劝黄叔的时候，我看到观众席的一位女士突然举手想要发言。原来，这位女士对黄叔挺有好感，通过黄叔在场上将近一个小时的采访，她很快看到了黄叔这种渴望成家、渴望踏实的状态。

"你不需要改变，我就挺喜欢你这个人的性格，我也不介意你的穿着打扮，所以你不用改。"

"你很有眼光。"黄叔眼前一亮，透着满脸的喜悦。

这位李女士确实面容姣好，不过体形是高大健康型的，和黄叔的短小精干形成了鲜明的对比。女士同样年轻漂亮，今年40多岁，非京籍，有一个孩子，目前在北京上学。

听到女士的年龄和孩子在北京上学这两个信息后，我们有些担心。不过黄叔挺高兴，也挺愿意，我们也就不做他想，送上祝福，目送两人牵手离开。

一个月后，黄叔告诉我们，他和李女士正式恋爱同居了。

为此编导还特意去黄叔家里拍了一段小片，在画面里能看到两个人很恩爱，动作也很亲密，是热恋中的状态。李女士的孩子也在视频里表达了自己的看法，表示很支持妈妈和黄叔的这段姻缘。

黄叔一脸喜悦地给我们讲述了李女士有多么的温柔体贴、善良顾家，家里家外都是一把好手。李女士平时要上班和接送孩子，黄叔就负责在家做一日两餐——早餐和晚餐。一家三口其乐融融，从来没有和孩子相处过的黄叔有些新鲜又有些不适，但也是在融洽的磨合中不断改变着自己。

"终于找到真爱了。"黄叔一脸幸福地跟我们说。

"我一定会对你和你的孩子好的，以后我的就是你的。"黄叔说。

"我一定会跟你白头到老，我的孩子我自己养，不会让你承担太多，你放心。"李女士说。

听到这儿，我们都估计两个人好事将近了，就问黄叔打算什么时候领证。

"年底吧。"

"十一吧。"

两个人不同的回答，似乎为日后埋下了一个伏笔。

果然，十一后，黄叔突然又找到了我们。这次两个人就不是来秀恩爱的了，而是来评理的。

原来，十一的时候，李女士要带黄叔回自己的老家见家长。这本来是一件好事，黄叔也愿意去见见未来的岳父岳母。不过李女士提出了一个条件，就是回去见家长要带上结婚证。

关于这一点黄叔就不理解了，说咱们不是应该先见家长，等家长都同意了咱们再领结婚证吗？而且咱俩这刚认识了三个月，领证是不是有点早了。

但李女士给出的理由是，既然你认可我，我也认可你，那领证是早晚的事，早领晚领有什么区别？而且我们老家有一个传统，就是带回去的人得是丈夫，不然你跟我回我们家，你住哪啊？咱俩就不能住在一个屋檐下了。

黄叔说那没关系，我可以在附近找个宾馆，跟你爸妈见完面，晚上我可以住宾馆，白天再去你们家做客，这不冲突。

但李女士坚持自己老家的传统，说你要是没跟我领证，你就不能跟我回家。

这下，黄叔就陷入了两难的境地。为什么呢？原来，黄叔住的是已故的父母留下的房子，这房子兄弟姐妹都有份儿。

兄弟姐妹都同意把房子留给黄叔，因为黄叔无儿无女也没有个家，所以他们不和黄叔争这套房。但是，他们不同意黄叔和李女士结婚。住，怎么都行，但是婚，不能结。如果结婚了，其他兄弟姐妹就要和黄叔分这套房。

第一章 人性多棱镜

为什么黄叔的兄弟姐妹会提出这个条件呢？原来他们都觉得自己这个小弟弟很单纯，这么多年也没遇上什么正经人，每次都被骗点小钱。虽然不多，但在他们眼中，弟弟也一直是吃亏的状态。所以每当弟弟再带回女朋友时，他们都十分谨慎。现在一听李女士刚三个多月就着急结婚，他们总觉得事情有蹊跷，于是跟黄叔说，如果结婚也行，但是房子的份额，他们不会放弃。

为此，李女士还代表黄叔去和兄弟姐妹谈判了一次。黄叔的家人也心直口快，他们怀疑李女士另有所图，比如，着急结婚是想给孩子解决户口问题好在北京上学，毕竟李女士刚40岁出头，比黄叔小十几岁，他们很难相信在拿到户口的几年后，黄叔都70多岁了，李女士不会弃他而去。

和黄叔的兄弟姐妹没谈拢，李女士便寄希望于让我们来调解他们家的这些矛盾。

李女士和我们哭诉，说没想到黄叔是一个这么没有担当的人，那天完全没有帮着自己，躲在兄弟姐妹后面一声不吭。那个当初信誓旦旦说会管自己和孩子的人哪里去了？那些话都播出了，全国人民都看见了。

"那你当初说，自己的孩子会自己养不会麻烦我，不是也都播出去了吗？"黄叔没底气地接了这么一句。

……

最后，在我们的追问下，李女士也承认了自己着急结婚，确实也有想给孩子落户的念头。李女士不想让孩子回老家上学，她不想和孩子分开，也不想和孩子一起回老家。而嫁给黄叔这样的一个人，是最好的方法。但她也保证，自己以后真的是会对黄叔好的。

但两个人经过了这些波折，黄叔还会信任她吗？

在见过黄叔怯懦的样子后，李女士还会完全信任黄叔吗？

在家人都不看好的情况下，李女士确实又有自己的目的，他俩还能结成婚吗？

果然，没过多久，两个人就分道扬镳了。

直到现在，黄叔还是单身一个人。黄叔说自己也不想找了，伤透了心……

荆莹有话说

很多人以为"妈宝男"只存在于二三十岁的小伙子中，但心理没有自我成长的人，即使到五六十岁的时候，依然是"妈宝男"。只不过这个时候听从的不再是妈妈的意见，可能是子女，也可能是兄弟姐妹的意见。简单来说，即便是他的事，他都不能够做主。

不可否认的是，很多没有生育过的男性和女性，确实身上会少一份养育过孩子的责任和担当。如果他们在原生家庭中又是最小的一个，那么他们的人生，可以说是一直在父母和哥哥姐姐的庇护下长大的。这也是独生子女更容易成为"妈宝"的原因之一——集全家宠爱于一人，很多事不用自己操心。

"妈宝男"喜欢的伴侣往往是坚强、独立、有思想的人。但这样的伴侣往往会和自己妈妈的性格十分相似，容易发生冲突，也就是我们常说的"婆媳不和"。认可自己母亲的男性，往往会找到和母亲性格类似的女性为伴侣。如果是强势的母亲配强势的儿媳妇，婆媳矛盾的概率会加大，"妈宝男"这种性格显然是处理不了婆媳矛盾的。

那么性格温顺的人就适合"妈宝男"了吗？也不尽然，这种性格的人会希望可以找到让自己能够依靠和仰望的异性为伴，"妈宝男"是给不了对方这种安全感的。

只有那种具有母爱、性格中偏爱照顾人的女性更适合"妈宝男"，同时也能协调好和家庭成员之间的关系。

欲言又止的爱情

马叔在我看来就是一个非常喜欢欲言又止的人。一般能让我们贴个明显标签的人，都是见过三次以上的。大部分人第一次能很好地掩饰和包装自己，在台上的 40 分钟，可以将自己的生活故事美化，只要小心一点，一般露不出什么破绽。但是来过两三回的人就不一样了，总会露出本性，尤其是在跟异性同台相处的时候，很多细节都能够暴露性格特点。

马叔第一次来的时候，走路很是轻快，这符合他本身的年龄——53 岁。53 岁的马叔是工人出身，在工作上一辈子勤勤恳恳，靠自己的努力买了房，用马叔的话说，最后也是因为房和前妻离了婚。

马叔结婚之后一直住在筒子楼，马叔的父母则一直住的是平房。那个年代大部分都是平房，后来很多地方拆迁了，大家普遍住上了楼房。但马叔父母住在农村，在二〇〇几年的时候还没拆迁，所以还是住的平房。

马叔住的是单位分的筒子楼，筒子楼不会拆迁了，不出意外的话，马叔一辈子也就住在那儿了。但马叔是个技术工人，随着时代的变迁，马叔的手艺越来越值钱。马叔还挺有前瞻性，一存下钱来，就决定买房。买房这事儿妻子也挺高兴，全力支持，管娘家借钱，也拿出了自己的小金库。改善自己生活嘛，自然是有钱出钱，有力出力。

可房子买完了，婚却离了。原来，马叔把房子写在了自己母亲的名下，却没和妻子商量。非但如此，马叔还将房子送给了自己的父母，让他们过来居住。

完全信任马叔的前妻买房前根本没作他想，以为马叔是买给自己家的，谁承想最后给他人做了嫁衣。妻子问马叔为什么这么做，马叔说："我不忍心自己住的条件比我父母好，我爸妈一直都住在农村的平房里，现在我住了楼房，我想让他们也住楼房。"

前妻一听就炸了锅了："老马啊老马，这么多年我算是白跟你了。你觉得你爸妈住的条件不好，当初怎么不把这筒子楼给他们，你住农村平房去啊？"

马叔说："这不是为了你和孩子想吗？如果咱们去住平房，你能干吗？"

"那现在我就干了吗？我管娘家借钱，结果是给你爸妈买房是吧？我爸妈还没住上这商品房呢！你让你爸妈住咱们这筒子楼，咱们去住那楼房不就行了吗？"

"不成，我不忍心再让我爸妈住得不如我了。"

……

见和马叔怎么都说不通，前妻拿出了撒手锏。

"老马，如果这房你非要给你爸妈住，咱俩就离婚。"

"唉，忠孝不能两全，那咱们就离婚吧。"

就这样，马叔跟妻子离了婚。由于当时筒子楼是公房，没有买卖权，所以离婚后马叔只是将妻子出的买房钱还给了她，并给了妻子一点经济上的补偿。也就是说，两套房都没有进行分割。

对于马叔离婚这事，大家的看法分成两派：一派是保守派，这派里都是男性，认为百善孝为先，马叔这样做没错，是妻子不够识大体。另一派则是现代派，这派里有男有女，不过女多男少，认为应该先把小家顾好了再顾大家，毕竟最后跟马叔过一辈子的是妻子而不是父母，马叔也应该顾及妻子的感受，而且事先没有商量就自己做主未免太不尊重妻子了。

以我为首的年轻一点的专家也认为马叔这事做得不妥。从心理学上来看，结婚后人就应该和自己的原生家庭分离。这种分离是情感上的分离，人在婚后自己组成了核心家庭，而原生家庭本身也是一个独立的核心家庭。当核心家庭和原生家庭产生冲突时，其实是两个核心家庭的对抗。

对于我们的看法，马叔不置可否，但依然坚持自己的观念很传统，还是要先顾及父母，可以说是"父母是唯一的、媳妇可以再找"这种观点的代表人物了。

那现在马叔住哪儿呢？他的父母已经去世了。鉴于当时父母这套房是马叔全权出资的，兄弟姐妹们没有争议，这套房产直接由马叔一人继承。于是马叔现在住在了这套商品房里，同时还把筒子楼出租了。

以马叔这样的条件，自然是有很多女士青睐的，所以我们也安排了三位女士和马叔相亲。

和几位女士相处的马叔谈笑风生，并不拘谨，表现得很是熟稔，相亲过程中也会和女士们有一些简单的肢体触碰，不像很多男士那么扭捏。

相亲过后，我们问马叔对谁更有好感，马叔说眼缘都不够，也就是都不够漂亮。

我紧接着又问了一句："您前妻漂亮吗？"

"不漂亮。"

没过多久，马叔又来找我们"答疑解惑"了。马叔觉得现在自己条件不错，又无事一身轻，可以过二人世界的小日子。怎么自己喜欢的人都不喜欢自己呢？

原来马叔经人介绍认识了一位女士。看完照片后马叔非常满意，就和阿姨互相加了微信。

用马叔的话形容，那位女士身上像带着仙气似的，超凡脱俗，谈吐不凡。但是和马叔的互动不是那么频繁，马叔经常在微信上发情诗给阿姨，来表达自己的深情和诚意，没想到不仅得不到同样的回复，有一天马叔还被拉黑了。心灰意懒的马叔很不解，来问我们自己做错了什么。

这一次，我们又对马叔有了新的认识。巧的是，这次节目播出后，编导接听热线电话的时候，接到了马叔前妻打来的电话。据马叔前妻介绍，马叔干这种自作多情的事不是一回两回了。

原来马叔的前妻也是我们节目的忠实观众。马叔第一次来的节目，前妻就看见了，当时就想给我们打电话"揭穿"马叔的真面目，不过周围的朋友都劝她算了，毕竟这么多年过去了，没有必要。

中老年情感加油站

今天又看见马叔这自作多情、一副无辜的样子，前妻实在是忍无可忍了。据马叔的前妻说，当年马叔在外面有了新感情，不过这所谓的新感情也是马叔一厢情愿。人家女方有自己的家庭，而且和老公很恩爱，但由于工作原因和马叔一个部门，马叔就老觉得女方对自己有意思，给人家写情诗、说情话。碍于工作原因，女方不好跟马叔撕破脸，就找到马叔的前妻了，说明了一下情况，希望前妻能制止马叔。没想到发现前妻知道这件事后，马叔更加肆无忌惮了，竟提出了和前妻离婚，说对方一定是因为自己有家庭，才不敢接受自己的爱意，只有他离婚了他们才能在一起。为了离婚后不让前妻分到太多家产，才有了商品房写的父母名字这件事。最后人家女方看马叔实在难缠，跟领导申请换了一份工作，这才摆脱了马叔的纠缠。

关于马叔前妻在电话里跟编导说的事，我们也无法证实，但某种程度上，解答了马叔描述时一些不太合理的事情，毕竟清官难断家务事，我们也不予置评。

后来和马叔相亲的女性，不约而同地反映马叔这个人口不对心，似乎有所隐瞒，而且对每个人都信誓旦旦的。可一旦说到去马叔家里看看，或者见见马叔家里人的时候，他总是推三阻四，说一些理由……

荆莹有话说

我们在生活中遇到的这种心口不一的人其实很多，他们在和人交往中会习惯性地夸大一些事实或者只说对自己有利的话。虽然没有上升到诈骗这个高度，但是和他们相处的人，都会有一种被欺骗感。但如果没有太多交集，仅通过一两次的见面相亲，是无法辨别出他们语言的真伪的。在这里可以告诉大家一个小技巧，以免后续浪费更多的时间被这样的人欺骗，那就是同样的问题问三遍。

当然不是让你连续问三遍。比如说，上来问你家有多大？他回答了一个答案。然后你们就聊别的，然后抽冷子再问一遍你家有多大？

这不是说让你重复上面的问题，而是可以从多个角度旁敲侧击。比如，你家有几室几厅？你家的建筑面积和使用面积是一样的吗？等等，以此类推，举一反三。

要知道，爱说谎的人由于说的谎太多了，很多时候他会自己忘记答案。所以同一个问题多问几遍，如果答案不一样，或者对方打磕巴，那么造假的概率就会非常大。

另外，有些时候见第一次，可能对方没有露出什么破绽，那么就多见几次，仔细观察，不要太着急下定论，然后可以要求见见对方的亲戚朋友，多方考察一下。

毕竟再婚的时候如果遇见了"渣男""渣女"，可真就是"刚出虎口又入狼窝"了。

另类"家暴"的应对之策

吴老师之所以给我留下了很深的印象,不光是因为她特殊的故事,还因为编导对她的一片苦心。

在见到吴老师之前,编导特意嘱咐我们,希望我们能够帮吴老师打开心结。在编导看来,吴老师的遭遇很让人同情,但是这么多年,她都没有从这件事中走出来,一直到了今天。在整个采访过程中,编导都没有看到吴老师的脸上露出一点笑容。

听到编导这么严肃慎重的嘱咐,我心里有点忐忑,一个几十年的心结,能在场上几十分钟就被我们解开吗?

67岁的吴老师一上台,就给我留下了严厉、传统的印象。我的思绪仿佛回到了小学的时候,讲台上站着的是吴老师。如果是这样的老师教课,作为学生,我会很小心谨慎的,因为这样的老师一般都很严厉,也会训人。

但这样的吴老师上来没说几句话,就开始泣不成声。原来,吴老师的离婚,是因为一场另类的"家暴"。

提到家暴,我们都会想到的是丈夫打妻子,但是吴老师遭遇的家暴不同,是前公公打了吴老师。

吴老师高中毕业以后就在一所学校里担任教师,她讲课雷厉风行、认真负责,很受老师和学生们的爱戴。吴老师的工作

第一章　人性多棱镜

是忙碌的，每天回家没有什么时间做家务，在学校教完课，回家往往还要批改作业，再加上带孩子，家里的活儿基本是婆婆和前夫做。

那个年代的人大都住在平房里，一家老小好几口人住在一个大杂院里。吴老师也不例外。

这天早上，和往常一样，吴老师还没起床，就让前夫帮自己把自行车推到胡同口，这样一会洗漱完毕，吴老师就直接走了，可以节省一点时间。听到使唤自己儿子的公公不太高兴，在院里大声抱怨了几句。

吴老师可能也有点起床气，再加上平白无故大早上来这么一遭，她也不甘示弱："又没让您去搬，您生什么气啊？"就这一句话，惹了一场大风波。没完全起床的吴老师还躺在被窝里，公公就一下冲进房间把吴老师从被子里拽出来打了几下。婆婆赶紧进来拦着公公，但无奈力气太小，无济于事。

出完气的公公一边被婆婆拽着往外走，一边骂骂咧咧的，大体意思就是别以为你是老师你就牛，天天使唤我儿子，这个家还是我说了算。

被这突如其来的场面吓蒙了的前夫既没有拦着自己的老父亲，也没有替吴老师出头。自己衣冠不整的样子被公公看见了，吴老师一下又急又气，羞辱难耐，穿好衣服抱起孩子就回了娘家。

一进家门，吴老师就跟母亲哭诉起了事情的前因后果，并希望在母亲的支持下和前夫离婚。但是在那个年代，离婚是多大的一件事。更何况在母亲看来，不是前夫动手打了自己的女儿，而是公公，躲开他们就行了，况且孩子还这么小，为了孩子也要忍耐。

就这样，吴老师当时没能和前夫离婚。但是这个心结一直埋在心头，从此吴老师和前夫也没有了夫妻生活。吴老师当时说了这样一句话，给我留下了非常深刻的印象："别的男人碰我的时候他没管，今后他也别想碰我。"这句话吴老师也同样对前夫说过。就这样，彼此折磨了二十几年，终于等到孩子长大结婚成家，吴老师和前夫提出了离婚。

说到这儿，吴老师泣不成声。她哭着问我们，前夫到底为何这样对她？

其实在那个年代，吴老师的前夫有着儿子和丈夫两个角色，夹在中间非常为难，而这件事如果发生在别人身上，可能事情不会发酵到离婚那一步。因为吴老师自尊心非常强，为此一直耿耿于怀，而且没有站到前夫的角度去思考问题，最后酿成了这起失败的婚姻。在这场婚姻中，吴老师和前夫都受到了折磨。

虽然道理说得没错，但是对于一个非常传统的女性来说，她当时是起了应激反应，那件事给她留下了很深的阴影，当时没有人及时帮助她化解这种心理反应，她是最直接的受害者。我给了吴老师一个迟到的拥抱，告诉她不应该用别人的错误来惩罚自己。吴老师在我的怀里哭了起来……

其实这个婚，吴老师是不想离的，她只是不知道用什么方式去疏解自己的委屈，而她的前夫，很多很多年都是爱着吴老师的，但最后，恐怕也被吴老师磨成了恨……

第一章 人性多棱镜

荆莹有话说

每当想起吴老师的故事，我都有点唏嘘。

很多女性在婚姻中看似强大的那一方，但在情感上，女性其实都是弱者。丈夫的一句安慰、一个拥抱，有时就是她们力量的源泉。

但很多女性在婚姻中并不擅长沟通，当然，男人也不擅长。然而沟通的主动权一般还是要落在女性身上。很多性格要强的女性在婚姻中虽然不会是在两性关系中示弱的那一方，但是，她们又应该是学会示弱的那一方。有些人可能会认为这不公平，凭什么女性就要先示弱、先妥协。因为女性应该根据自己的诉求做出合理的行为，而不是一味地强撑和硬挺。

女性希望男性有什么样的言行举动，其实是可以直言不讳地传递给男性的。就像我们常说的，女人来自金星，男人来自火星，男女双方的生理构造不同，决定了男性不会按女性的思维方式去想事情。而直接表达自己的诉求，并不是一件纡尊降贵的事情。就像我在上文所说，女性对婚姻的存续和渴望往往大于男性，所以主动沟通这件事情，更要握在女性的手中。一味让男性去猜自己的想法，不断地考验对方，这种自尊心有时会将婚姻断送在自己手里。

中老年情感加油站

中老年未婚群体能否找到爱情

同样让我感到唏嘘的女性还有一位郭女士，之所以称呼女士而不是阿姨，是因为第一次见到53岁的郭女士时，她还是未婚的状态。

我见过的大龄未婚人士很多（40~65岁都有）。归纳一下，一般有两个原因造成他们未婚。一种是择偶条件高，沉没成本效应让他们的择偶要求随着年龄的增长不降反增，其中还有很多奇葩的择偶要求，这个在第二章中会详细解读，在此先不赘述。另一种则是沟通能力很弱，弱到在人群中即使他说话你都会忽视他的存在，这样的人往往把未婚的原因归为家里经济条件差或自身条件差。但这都被我们反驳回去了，理由就是那个年代很多家庭经济条件跟你类似的人也没有耽误结婚，还是应该从自身找原因。通过和这些人的沟通，你会发现，他们不擅长聊天，或者词不达意，完全不能吸引异性的眼光；换句话说，就是没有人格魅力。

郭女士不属于上述两种，她有自己的魅力，积极开朗，经济条件也不差，从学校毕业后就一直在事业单位工作，每个月万儿八千的收入，能让她生活得很好。更重要的是，她是家里的独生女，父母留下的财产都是她的。这样的女士在生活中，应该是不愁嫁的。

那么是什么原因导致她至今未婚呢？有两个方面：

一方面，她父母在40多岁的时候才生下这一个独女，一直把她视为掌上明珠，疼爱有加。等郭女士到适婚年龄的时候，父母已经将近70岁了。这时候父母的私心就出来了，那个年代，女儿如果嫁人了，放到孩子和婆家的心思就会多一些，到时候谁来照顾他们老两口呢？于是对于女儿的婚事，老两口既不支持也不反对，但是多少在话语中透露出希望女儿在身边的意思。

郭女士是个孝顺又善良的人，对于父母的心思很了解，所以年轻的时候对于择偶的事情就没有太上心，别人介绍的时候就有一搭没一搭地见着，但是在见面的时候都会和对方先摊牌，说婚后也要继续照顾父母，很多人一听就知难而退了。

另一方面，郭女士不是美女，身材也有些丰满，很难快速吸引异性的眼球。一些郭女士心仪的男士也没有选中她，就这样拖拖拉拉直到父母都去世了，郭女士才真的下定决心来找伴侣。

郭女士以前还是谈过两次恋爱的，有一次也马上就要结婚了，但是她觉得男方对她总是不冷不热的，老得自己上赶着，要结婚那次还是她主动提出的去看戒指，但是当时的男友并没有很积极主动。男友的工作不如郭女士，经济上比郭女士还是差着一截的，郭女士觉得你条件不如我，态度还不积极，最后就分手了。

年轻的时候谈恋爱和结婚主要看长相，但是上了年纪以后，择偶是一种多方面的综合考虑，所以郭女士认为现在这个时机对她来说刚刚好。自己是未婚的状态，没有孩子也没有父母，60岁以下的男士可供她选择的应该还是挺多的。

　　正如郭女士所想，很快就有一位男士联系了我们，我们也都由衷地为她高兴，因为直爽简单的郭女士给我们所有人都留下了很好的印象。

　　不过当见到这位喜欢郭女士的男士后，我的心就沉了一下。这位男士我们之前也见过，是北京郊区的一位农民——邱叔。我对农民没有偏见，也不认为他农民的身份和郭女士有差距，而是上次这位邱叔来的时候，我对他所叙述的话就持保留意见。

　　邱叔丧偶，今年56岁，别看邱叔年龄不大，但是一儿一女都已经结婚并且有孩子了。邱叔当年也是入赘到亡妻家的。用邱叔的话说，亡妻全家都对他很满意，他是全村最好的女婿。

　　一般来说，一个人这样描述自己的时候，话说得有点满，容易给人很高的期待值。我们经常说人无完人，每个人身上一定有缺点。习惯把话说满的人，很多时候没有给自己留余地。

　　因此我对邱叔的印象，一直停留在这个人虽然文化水平不高，但是很会说话，更善于表扬自己，至于真实可靠性，就要打个问号了。而且邱叔还有一个特点，他说话都是经过思考后才说出来的，是一个很谨慎的人，也是一个"有心机"的人。给我留下这样印象的邱叔看上了单纯的郭女士，在我看来，如果邱叔是真心实意对郭女士好，那么郭女士会很幸福。但一旦两人之间没有爱情，我有点怕郭女士吃亏。但另从一个角度来看，不得不说，邱叔真会选人。

第一章 人性多棱镜

邱叔长得不难看，也算白净，与晒得黝黑的果农和菜农不同，如果他自己不说，你可能也看不出他是一个农民。这样外表的邱叔一开始就让郭女士感到欢喜。

"我也喜欢农村的大院子，我没几年就退休了，到他家去种种菜、喂喂鸡该多好啊。"郭女士说的时候，眼里发出了对未来抱有期许的光芒。

"您为什么喜欢郭女士？"我问邱叔。

"我觉得她很单纯也很善良，我们家都是这种性格的人，所以我觉得我们两个特别合适，我相信她也一定能跟我的孩子相处好，我也一定能帮他们相处好。"

"我们这个节目全北京人民都能看到，如果最后您真能和郭女士走在一起，您不能辜负她啊！"我盯着邱叔的眼睛，"要真心对待郭女士。"

"嗯，我一定会照顾她到老，拿她当我前老伴那样宠，毕竟这是她第一次结婚，我会像初婚那样对待她。"邱叔拿出早就准备好的一束鲜花，递到了郭女士的面前。

我看到郭女士的眼睛湿润了。

缺爱的人，会把别人对自己的一丁点儿的好都视若珍宝。

祝她幸福，希望她别遇到"渣男"。我只能在心里为郭女士祈祷。之后，我还跟编导打听过郭女士的情况，想问问她和邱叔怎么样了。编导说两人相处得非常好，马上就打算领证了，郭女士还特别开心地说，等领了证他们一定要来参加集体婚礼。

没过几个月，在集体婚礼前夕，郭女士和邱叔又找到了我们，编导说他们是来秀恩爱的，不过郭女士对邱叔也有点不满意，拿咱们当娘家人，想让咱们评评理。

一上来，邱叔就一顿猛夸郭女士，说她和自己的孩子们都相处得特别好，尤其一句话让他尤为感动。原来郭女士和邱叔的孩子们说："你们永远都不用管我叫妈，叫我阿姨就行，因为我知道，妈妈只有一个。"这句话一说，我看到很多人都悄悄地擦了一下眼睛。

看到邱叔对自己这么认可，郭女士也湿了眼眶，要来跟我们抱怨什么的话自己已经忘了。她说了很多两人相处的点滴，也说了邱叔的优点，唯一让她不满意的是，邱叔现在和她两地分居，一个在城里，一个在郊区。由于郭女士还在上班，所以只有周末才能去到郊区邱叔的家，住两个晚上，然后周日再回城里上班。邱叔无事一身轻，却不愿意来到城里和郭女士住楼房，这让郭女士十分不解，觉得邱叔是不是不够爱自己，如果足够爱的话，两人现在也算是热恋中，应该每天都见不够才对啊。郭女士对邱叔就非常想念，希望天天能见到，但是邱叔如此冷静，她不能理解。

邱叔说他在老家住习惯了，觉得平房方便，这城里他谁也不认识，白天郭女士上班，就他一人在家，怪闷得慌的，所以就没搬过来一起住。如果他要过来住，也想住郭女士家的那处平房。

"那处平房我一个亲戚一直在住呢，我也不能因为说我结婚，就把亲戚轰出去。"郭女士哀怨地看了邱叔一眼。

听完郭女士的这番话，我们三个专家对了一下眼神，这回

第一章　人性多棱镜

不光我一个人心往下沉了，三个人都沉了一下。常年做《谁在说》和《生活广角》的经验，让我们心中对这件事都有所警觉。邱叔的这个要求，不会是想要郭女士家这处在二环里的平房吧？郭女士无儿无女，他俩结婚的话，以后这个房子大概率早晚还是邱叔的，他现在这么着急干吗呢？

这个问题我们当时没有深究，还是照常规询问了邱叔和郭女士的甜蜜日常生活。不过我们都委婉地劝郭女士不要太着急领证结婚。

后来编导问了一下郭女士这处平房未来的归属，郭女士说这房子以后就打算给亲戚了，因为自己没有子女，以后可能还要指望亲戚来给她养老送终。

"希望这房子不是埋下的隐患。"我们几个人就此简单议论了一番。

结果，还是被我们言中了，后来郭女士和邱叔没再来上过节目，当然也没能参加集体婚礼，而且还找我们的心理老师做了咨询。

深爱邱叔的郭女士，不敢相信邱叔居然公然要她在婚前讲明自己的房产分配，更要求那处平房以后留给邱叔的子女。如果平房给了邱叔的子女，邱叔说可以保证自己的子女给郭女士养老送终。

53岁以为遇见真爱的郭女士，又被现实当头棒喝：自己到底出了什么问题？郭女士陷入了深深的自我质疑中。

荆莹有话说

我曾经在相亲会上也遇到一个50多岁未婚的女士,她之所以来到相亲会想要找一个伴儿,是因为她自己的兄弟姐妹觊觎她的财产,让她感到十分恐惧。

她说自己曾经是一家公司的高管,年轻的时候一心扑在事业上,一直没有结婚。挣来的钱很多还分给了兄弟姐妹,所以家人都对她很好。前不久,她生了一场大病,需要监护人签字做手术的时候,才发现自己的兄弟姐妹不想救她,他们在讨论的是如果自己死了,他们每家能继承她多少遗产。兄弟姐妹为这个打成了热窑,最后在利益没有分配好的情况下,出于自己落不着、别人也不能落着的心理,大家还是选择了救她。通过这次大病,她才发现原先围绕在自己身边的亲人都张着"血盆大口"等着吃了她,她才萌生了找个伴儿的想法。她希望找个老伴,这样老伴就有继承自己财产的权利了,才能断了兄弟姐妹的念想。

"那如果你找到的老伴也是想吞掉你财产的人呢?"我看着她问道。

"是啊,这就是我现在择偶也很谨慎的原因,就怕出了虎口又进狼窝。"

"再如果你找的后老伴和你的兄弟姐妹勾结在一起也是为了你的钱呢?"我又问了她一句。

"这……所以我现在应该怎么办啊?"

……

第一章 人性多棱镜

我们永远不能埋没人性之善，但也永远不能低估人性之恶。上面的对话或许有些残忍，或许把人性想得过于黑暗，但现实中我们确实见到了很多这样的人。

中老年人再婚，经济纠纷一直是亘古不变的话题。很多未婚人士看上去在择偶方面有很大的优势，但其实他们背后也深深地隐藏着不安全感，没有自己的骨肉之亲，谁又能去信任呢？信任仅仅认识一两年的后老伴吗？

或许也只能信任他们，信任他们人性中的善良。于是这就对择偶时候自己的辨人识人能力提出了非常高的要求。

首先，还是要尽量选择门当户对、和自己经济条件相当的人，这样的人大概率不会过多觊觎其他人的财产。

其次，不要因为缺爱，就把别人对自己的一丁点儿的好当成爱。有一部电影推荐给大家看——《他其实没那么喜欢你》，尤其是女性更值得一看。在我接触的很多女性当中，不分年龄段，总是对自己充满了自信，认为追求自己的异性就是实打实地喜欢自己。

女人是听觉动物，男人只要说甜言蜜语，女人很快就沦陷了，殊不知男人的甜言蜜语很多都是在其他女人身上练出来的，说得多了，才那么会说。一个男人如果上来就跟你说甜言蜜语，你脑海里想的不应该是"啊，我多么迷人，让他能这么喜欢我"，而应该敲响警钟，问一下自己"他到底和多少女人说过类似的话，才说得这么熟练"。

最后，多问问自己，到底哪里能让一个人如此喜欢，甚至才见了一两面，就对自己海誓山盟。是不是他另有所图？

简单来说，就是当有人异常热烈追求我们的时候，我们应该能够抽离出来，作为一个旁观者，来理性分析这份爱是纯粹的还是夹杂目的的。

理智分析后，我们再去看看男性掺杂目的的这份爱我们能不能接受，是不是超越了我们的底线。如果是，就要及时止损，不要越陷越深。

这个年代，婚姻已经不是一件必需品了。如果没有找到真的对的那个人，不要将就，宁可骄傲地独身，也不要委屈地进入一段婚姻中，让自己过得不幸福。

第一章 人性多棱镜

鳄鱼的眼泪

小时候，有一个童话故事给我留下了深刻的印象，那就是《鳄鱼的眼泪》。这个故事讲的是兔子以前是有个长尾巴的，结果被鳄鱼的眼泪骗了，竟然跑到鳄鱼跟前去安慰它，结果鳄鱼张嘴要吃兔子，兔子吓得赶快跑了。最后鳄鱼没有吃到兔子，但是把兔子的尾巴咬下了一大半，从此兔子都是以短尾巴的样子呈现在世人面前了。

这个故事的寓意很简单，就是让人不要相信坏人的眼泪，不然自己就会遇到危险。

我曾经两次验证了这个故事，这两次都是两个为了爱情痛哭流涕的男人。

这两个叔叔都是60多岁，长得都很精神。不同的是，他们一个高一些，另一个矮一些。但是对同年龄段的女性来说，他们都属于长相较好、很有男人魅力的那一类。

第一次来的是高个叔叔，高个叔叔离过两次婚，对第一任妻子并没有表现出特别的怀念，但是对于第二任，没说两句，就泪流满面、痛哭流涕了。那场面让人很动容。一个一米八几的大男人，说自己多么爱一个女人，怀念一个女人，我相信这场面一下就能吸引很多的女士钟情于他。

果不其然，高个叔叔的反响非常好，很多阿姨都想跟高个叔叔见一面，觉得一个男人如此痴情实属难得。

谁知道我们却得到了一个意外的消息。

……

原来是一个公安局的朋友认出了高个叔叔，希望我们掌握的材料可以更多一些。高个叔叔曾经因为家暴打了第二任妻子闹到过派出所，可想而知当时的家暴情况有多严重。

听到这儿，大家不禁发出了一番感慨，真是人不可貌相，不禁让我们想到了冯远征主演的《不要和陌生人说话》。有偏执型人格障碍的人在爱你的时候是真的爱你，但是打你的时候也是真的打你。

有了这次的经验，当矮个叔叔也痛哭流涕的时候，我们每个人都长了个心眼，更加详细地问了一下离婚的原因和经过，但是矮个叔叔没有露出什么破绽。

不过我们后来果然接到了矮个叔叔前妻打来的电话，前妻在电话里痛骂了矮个叔叔一番，让我们更立体地了解了他们离婚的真正原因，也是因为家暴。前妻在电话里说，矮个叔叔确实很爱她，但是这种爱让她窒息，她去哪儿都要跟着，也是不让她和异性接触，并且也对她实施过家暴，虽然没有严重到报警的程度，但是让前妻很害怕。最后前妻单方面提出离婚，矮个叔叔不同意。前妻去了外地让矮个叔叔找不到她，最后拖了很长时间才离了婚。

荆莹有话说

偏执型人格障碍,顾名思义就是这类人想事情非常偏执,也很极端。外在的表现形式为固执、敏感多疑、过分警觉、心胸狭隘、嫉妒心强,同时自我评价过高。

在现实生活中,我们会遇到偏执型的人。尤其是在婚姻关系中,和这样的人生活起来总要小心翼翼。

由于他们敏感多疑,所以他们总是很情绪化,并且对挫折和拒绝十分敏感,且念念不忘,也就是我们俗称的记仇。

这样的人还表现为极易猜疑并且毫无根据地怀疑配偶的忠诚。在没有任何治疗的前提下,有偏执型人格的人其实并不适合婚姻。婚姻的基本原则是信任、尊重、平等、包容,四者缺一不可。

但是失去了信任的人,是不会尊重和包容伴侣的,他会把自己想成受害者,认为自己遭到了"背叛",要用自己的手段去"报复"伴侣。和这样的人生活在一起,很多伴侣是无法理解的,无法理解配偶为什么会如此歪曲自己。

那么在中老年相亲时,我们如何快速地判断对面的人是不是有偏执型人格呢?

首先,我们观察对方在描述过往婚姻中,对方是不是经常批评伴侣,把所有的错都推在伴侣身上,尤其是怀疑伴侣不忠。如果对方总是在强调或者过度批判伴侣不忠并且把自己描述成一个受害者,那么就要小心了。

其次，看看对面的人是不是情绪稳定，如果是非常容易情绪化的人，动不动就会痛哭流涕，或者言谈举止表现得情绪起伏非常大，总是容易激动。这时我们还要注意，一些反常的行为举止很多时候并不是有多么的痴情，很有可能他的反常行为代表的就是他的异常心理，而我们却把这种举动理解为痴情。

最后，就是要观察他对待身边人的态度，比如提出和他的朋友见面。如果他说朋友不多，我们也要警觉一下。有偏执型人格障碍的人通常很难和别人建立亲密关系，如果一个男士的亲朋好友都不经常走动甚至远离他，那么无论他的外在条件或者经济条件有多好，我们也要谨慎，格外慎重地和他发展亲密关系。

第一章 人性多棱镜

人的性格很难改变

我们曾经接触过一位风云人物——苏叔，第一次见到苏叔的时候他已经72岁了。但在不知道苏叔真实年龄的时候，四十几个人都认为苏叔最多50岁出头，其年轻得让人惊讶。

外表尤为年轻的苏叔外形也很俊朗，无论是年轻的照片还是现在的样子都是受女性欢迎的那一类型。更为关键的是，苏叔的经济条件还非常好。

苏叔年轻的时候是做钢材生意的，发家早、规模大，现如今也还在干着，只不过自己退居二线，把事业交给孩子打理了。

按照前面我写的，真正经济条件好的人线下就能解决，为何苏叔还要来我们这儿找对象呢？因为苏叔的择偶要求也比较严苛，他需要找比自己小的女性，但又不能太小，曾经有很多30多岁的女性找他，其目的肯定是不用说了，问题是这样的人有的还想生孩子，有的是自己带着孩子。要帮忙养孩子这件事，苏叔是不愿意的，而且叱咤商场这么多年的苏叔很明白，比自己孩子还小的女性根本不靠谱，能跟自己过两三年就不错了。

因此苏叔的择偶年龄划得很清晰：50~52岁，喜欢自己，能陪自己到老。苏叔觉得自己身体素质不错，家里也有长寿基因，自己80岁的时候女士60多岁，自己如果能在经济上妥善解决对方养老问题，女士和自己白头到老应该不是难事。而且这笔钱苏叔舍得花，他觉得这算是有效投资，虽不是稳赚但也不会赔本。

同时，这位女士得好看，而且最好性格温顺。苏叔是大男子主义。能自己做成一摊生意的人，无论男女一定都是个果断的人，也就是得有决策能力。因此无论是在生活上还是工作上，家里一直都是苏叔说了算，这么多年了，苏叔自己的脾气或许能微调，但是这种行事作风和说一不二的性格已经很难改变了。

苏叔的亡妻就是对苏叔言听计从的人，身材娇小，不问世事，每天就是陪着苏叔，崇拜着苏叔，敬仰着苏叔。用苏叔的话说，妻子望着自己的时候，眼睛里总是闪着光。可惜妻子身体不好，走在自己前面了。

苏叔也知道，再找到一个像亡妻那样的老伴不容易，所以才找到了我们。节目中起码看到的人多，芸芸众生中保不齐就遇上了对的那个人。

不过苏叔这一来就来了四年，这四年间，给苏叔介绍的人非常多，但就像大海里螺丝找螺母一样，能对上的就是没有。

直到2019年，苏叔才找到了自己认为各方面都符合要求的那个人——王姨。

但没想到一起生活了一年后，王姨告诉我们两个人已经分手了。

听到这儿我们感到非常诧异，两个人寻寻觅觅了这么久，彼此都认为终于找到最合适的另一半了，怎么会突然分手呢？

第一章　人性多棱镜

原来，王姨跟苏叔住在一起一年多。这一年多其实还是挺快乐的，苏叔没少带王姨出国玩，不过第一次的冲突，就是在出国的时候。王姨说那是她第一次去欧洲，看什么都挺新鲜的，但同时心里也挺害怕的，毕竟是离开了自己的舒适区，语言又不通，所以王姨完全依赖着苏叔。但王姨也希望对未知的事情多一点了解，她就不断地在问苏叔每天的行程，每一步都要干吗。一开始苏叔还算耐心地给她解答，后来实在被问烦了，两人就发生了很大的争吵。

碍于在国外，如果苏叔把自己扔下怎么办啊？王姨隐忍了下来，等回国以后这件事慢慢也就淡去了。但最后这一次动手，让王姨寒了心。

苏叔住在一个别墅里，以前都是小时工来给苏叔打扫。王姨搬进来后，就让苏叔辞去了小时工，自己大包大揽起来。毕竟房子太大，王姨也高估了自己的身体能力，这一年干得越来越累，王姨少不了有些抱怨。有一天又因为一件鸡毛蒜皮的小事，类似是苏叔没有把脏衣服扔在洗衣机里这样的事情，王姨又唠叨起来，什么苏叔不尊重她的劳动成果啊，两个人的家应该共同营造之类的。这一下惹恼了苏叔。

"我这么大岁数的人了天天还要听你唠叨，让你来管我！"苏叔怒吼着冲向王姨。

王姨也没示弱，拿出一副女主人的架势和苏叔理论。"你天天拿我当保姆使唤，自己在那儿什么都不干！"

"我家本来有小时工，是你把人家辞了的，说要自己干，我现在70多岁了，你指望我来干家务活儿？"

中老年情感加油站

最后两个人越吵越凶,又翻出了以前的事情,"新仇旧账"一起算。最后两人宣告分手。

"其实我还挺后悔的。"王姨最后这样说道,"像老邱这样条件好,对我又好的人,真的不好找了。"

荆莹有话说

很多人在结婚后都有一个通病,就是试图去改变对方。中老年再婚更容易犯这种错误。因为自己几十年的生活习惯和性格已经不好更改了,为了让自己过得舒服,就会不自觉地去改变对方甚至想掌控对方。

要知道每个人都养成了几十年的生活习惯,性格和人格也已经固化了,这时想要一味地改变对方,是十分不现实的。

我们常说,中老年婚姻物质基础固然重要,精神层面能够达到一致才是锦上添花。但其实最重要的,还是磨合生活习惯和了解彼此的性格。

虽然道理很多人都明白,但在实际操作时,还是会遇到很多困难。毕竟两个人过日子,很难做到一点争吵都没有,那么真吵架的时候,如何能做到就事论事、不伤感情呢?

在这里有一个适合全年龄段夫妻吵架法则可以分享给大家。夫妻吵架法则也叫尊重法则,顾名思义就是在尊重对方的前提下吵架,它其实也是一种思维方式。

仔细观察,我们会发现一个现象,夫妻两个人因为

A 事件开始吵架，但吵到最后往往说的已经不是 A 事件了，而是 BCD 事件甚至更远。而在扯到 BCD 的时候，往往又夹带着自己的情绪甚至进行人身攻击。

举一个例子，作为一个妻子，你刚刚把屋里的地扫干净，但这时，你的丈夫突然嗑起了瓜子，而且还有一些碎屑掉在了地上。这时候你的无名火噌一下就起来了。试想一下，你脑海里蹦出的第一句话会是什么？

A. 我刚扫完的地你没看见吗？

B. 又是这样，我刚扫完你就开始吃，又吃一地。

C. 你为什么总是不能尊重我的劳动成果？

D. 你瞎啊！没看见我刚扫完地吗？

你会选 A、B、C 还是 D？还是 ABCD 都有可能？

A. 典型的反问句，具有挑衅的意味，对方听到有 50% 的概率也会恼火。

B. 扣帽子："又是这样。"对方会觉得很冤枉，并且可能会让你说出还有哪次是这样，于是两个人开始翻旧账，越扯越远。

C. 还是反问句，质问的语气，同时包括了自己愤怒的情绪。

D. 赤裸裸的人身攻击："你瞎啊！"

如果对方开始跟你大动干戈，恐怕吵架结束后，你也会纳闷，就这么一句话为什么会让你们吵得不可开交。

这都是因为双方没有就事论事，而是加上自己的情绪延伸扩展到了更广阔的内容。

那么用尊重法则应该怎么解决这件事情呢？所谓的尊重，就是既尊重自己，也尊重对方，如实地不夹杂恶意情绪地说出自己的感受，客观地指出对方的行为带来的直观后果。比如："我刚刚扫完地，感到很累，现在你把瓜子皮掉到地上，我要再扫一次了。"

当然，在气头上的时候，可能往往想不起这么多，话脱口就说出去了。因此上面才说的，尊重法则其实根本上是解决问题的一种思维方式。当你的思维方式转变了，知道夫妻之间不应该是"斗气"而是互相尊重的时候，很多话不用教，你就会说了。

第一章 人性多棱镜

做好自己，静待花开

屠叔是我进到栏目组后第一个接触的当事人，那时我从事的是幕后的工作。

屠叔那年50多岁，在23岁的我看来，他就是一个精瘦的小老头，干练，有着浓厚的社会气息。屠叔是吉林人，说话有东北口音，一张嘴说话就自带喜感，逗得大家哈哈大笑。

屠叔的节目录制得非常顺利，表达清晰有喜感，上台不扭捏，十分真实，有什么说什么，是个非常直爽的人。

这样的屠叔给我留下了非常好的印象，我也暗自庆幸第一次录制节目就这么顺利。节目录制后的第二天，我就按和屠叔约定好的，随着师父一起去屠叔家进行外景拍摄。

这样做的目的有两点：一点是让电视机前的观众看看当事人居住的真实环境；另一点是我们可以更加深入地了解当事人，这样在剪辑节目的时候，也更加客观、立体。

不过一进屠叔家门，我就愣住了，现在想想有点可笑，但当时的状态是真的很震惊。虽然我家只是小康家庭，但因为一直生活在北京，生活其实还是把我保护得很好的。而且一个刚毕业的小孩，也没见过什么世面。我从没有想过，别人的居住条件会和自己有这么大的不同。

那么屠叔家是什么样的呢？

一间小平房，放着两张单人床，一张是孩子睡的，一张是自己的。两张床之间只有一个小过道，一个人进去之后，真的就转不开身了。

我当时没有想到在北京还会有这样的居住条件，一时说不出话来。我心里的想法是，这样的居住条件，怎么能择偶呢？

屠叔的择偶要求倒是很简单：有一个知冷知热的人，能帮他带带孩子就行。明眼人其实都明白，一个单亲父亲，又要工作又要带孩子，根本分身不暇，便想找个"妻子"来帮他照顾家庭，照顾好孩子。但以屠叔当时的居住条件，是没有热线电话的。之后我们就没有了屠叔的音信，也不知道屠叔后来有没有找到心上人。

直到 10 年后，我在舞台上又见到了屠叔，屠叔说他现在已经在北京周边地区买了一个两居室，孩子已经毕业工作了，马上也要组建自己的家庭。现在自己也不再干出租车的工作，之前的积蓄和现在的退休金足够自己养老。现在每天日子过得很悠闲，只是真心想找个老伴，谈谈情，说说爱，一起过完后半生。

屠叔没有具体细讲最难的那段日子是怎么过来的，但好赖把孩子拉扯大了，自己也到了退休可以享福的年龄了。这次屠叔来明显自信了很多，言语间反而没有第一次来的时候那么逗趣，多了一分踏实和坦诚。和他同场交流的女士，也都在认真地考量屠叔，看看有没有发展的可能。

看到现在的屠叔，我又想起了 10 年前的他。那时的屠叔其实不具备成熟的择偶条件，除了经济条件不成熟外，屠叔也没有时间去谈情说爱。屠叔是一类典型。另外,还有一种人,是经济条件足够成熟,但是他的心理条件不够成熟。

这样的叔叔,来过两三位,他们都有同样的心理特征,没有兴趣爱好,不爱出家门,不爱交际,没有朋友,也不怎么和亲戚走动。由于上了年纪,身体有了病痛或是内心感到孤独寂寞,便萌生了找老伴的想法。

可身边没有朋友就不会有朋友介绍,不出门就没有正常的社交渠道,于是走上我们这个平台,成了他们一致的选择。

不过这样的人来的时候,往往会被我们泼一盆冷水,浇灭他们的幻想。我总让他们试想一下,如果换位思考,他们现在眼前的女士,就是他们平时的生活状态,他们愿意和这样的女性交往吗?他们给出的答案一致是否定的。所以我们给出的建议是,想要择偶,还是要从改变自己开始。走出家门,去公园结交一些新的伙伴,或者电话联系以前的旧同学、旧同事,再不然多参加社区活动,融入集体生活中。只有把自己的"精气神"捡起来,才会有人愿意走进他们的生活。

荆莹有话说

很多人在面对生活沉重的压力时,潜意识里希望找个人能帮助他们共同分担。举个例子,当你自己搬一袋25千克的大米时,手边又没有任何工具可以使用,你如何能搬动这袋大米呢?答案恐怕是找个人来帮忙。

现在很多中老年人也是抱着这样的想法来择偶的,只不过从年轻时又要上班又要带孩子的生活压力,转换成了现在生病没人照顾的心理压力。

这也解释了很多人为何在40多岁的时候享受单身贵族的生活，但在踏入一定年龄段的时候，不约而同又萌生了找老伴的想法。

有些人在择偶的时候自身的条件是成熟的，这种条件包括两个方面：经济条件的成熟和心理准备的成熟。因此他们能够明确提出自己的择偶要求。这样的人在择偶时，成功率自然是高于条件不成熟的人。

那么经济条件不够成熟的人，如果人格魅力十分突出，也不是没有择偶的可能性。

如果是上述故事中心理条件不成熟的人，我们要更多地关注他们的心理健康，有时还要考虑他们会不会患上了老年抑郁症。抑郁症在各个年龄段其实都存在，但是在老年期尤为突出，主要原因是衰老导致老人的社会适应能力下降，而且会在丧偶、退休、身体疾病、孤独，以及社会角色作用的改变等因素的应激下产生。

如何自查自己是否有抑郁症呢？通过这九个方面可以做一个简单的自查。

- 兴趣丧失，无愉快感；
- 精力减退，精神不振，疲乏无力；
- 言行减少，好独处，不愿与人交往；
- 自我评价下降，自责自罪，有内疚感；
- 对前途悲观失望，有厌世心理；
- 睡眠欠佳，早睡早醒；

- 食欲不振或体重明显减轻；
- 自觉病情严重，有疑病倾向；
- 反复出现同样的念头或有自杀倾向。

另外，也会有记忆力明显下降、反应迟钝的症状。如果患上了老年抑郁症或者出现了抑郁情绪，也不要惊慌，我们要学会跟别人求助，强迫自己多出去走走，而且要告诉别人自己的感受。最重要的是，要学会看事物站在好的角度，积极地去看待问题。

那么再说择偶，女性大多喜欢什么样的男性呢？很多人可能会以偏概全，说喜欢有钱的呗，女人都拜金。如果抱有这种偏见和刻板印象，在择偶的问题上把自己的失败都归于外因，缺少自省，是很难成功找到配偶的。我归纳了几点影响择偶的条件：

第一是收入。女性确实喜欢收入多的男性，这就跟男性喜欢年轻漂亮、身材好的女性一样，是一种本能反应。无论男女，我们都应该尊重且接受这个现实并合理地看待它。就像自然界的生物一样，雄性动物在求偶的时候，也是能力强的雄性更容易得到雌性的青睐。而女性喜欢高收入的男性，往往是寻求安全感的体现。

第二是个人魅力。个人魅力包括很多方面，有教养、聪明、说话风趣等都可以成功吸引异性。这样的人即使经济水平不高甚至有些短板，也是可以得到异性青睐的。

第三则是认真对待男女关系。换句话说，就是比较正直、专一的人。对女性来说，婚姻的实质还是安稳和安全感，如果男性的性格稍显无趣，经济条件也不算突出，那么尊重女性、对待婚姻认真负责，也会让女士刮目相看。

　　说穿了，就是在择偶这件事上，别人怎么也得图您一样，如果哪样都不突出，那么人家自己过不也挺好的吗？如果是男士想借婚姻改变自己的生活状态，不更得有一处优点吗？很多人无上述优点却抱着侥幸心理，那是不会有人选择你的。

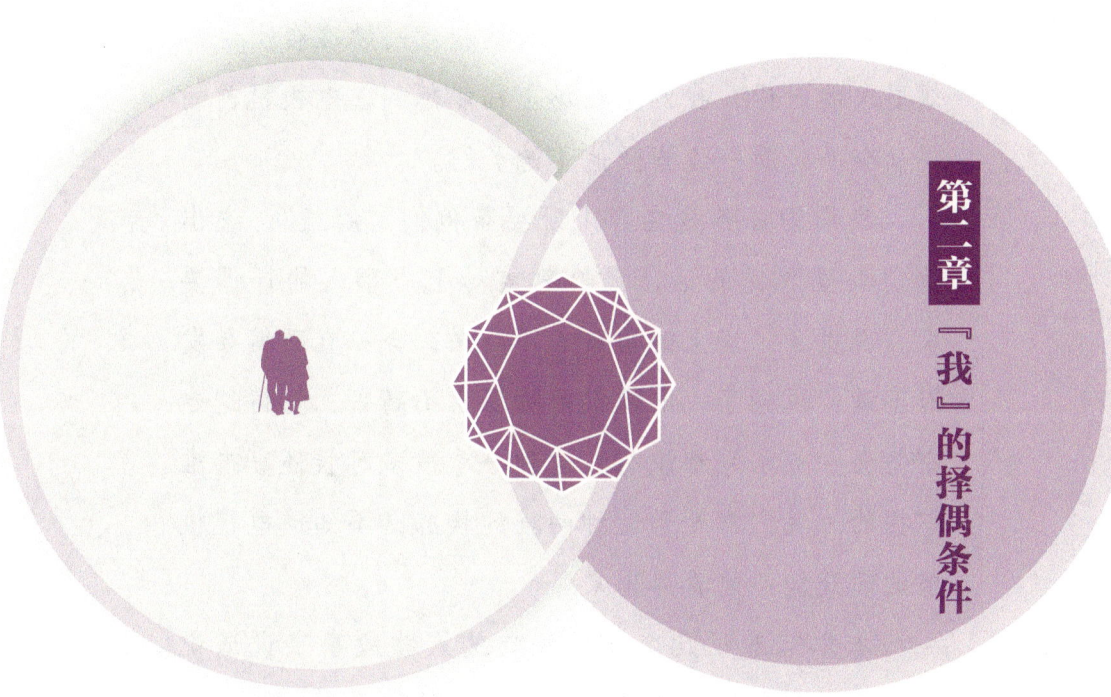

第二章 『我』的择偶条件

有一些人自身的条件并不十分突出，但是提出的择偶要求很严苛甚至挑剔。有些叔叔阿姨在台上说择偶要求的时候，我们坐在场上都能想到，电视机前的观众会一边看一边指责他（她）们。

　　我们的任务是在台上既要帮他们"解气"，说出他们心里想说的话，又要尊重场上当事人的择偶要求。说重了，场上的当事人不高兴，会一直跟编导发泄不满；说轻了，电视机前的观众不高兴，觉得这专家怎么一点水平都没有。这种分寸很多时候还真挺难把握的。我们常处于这种两难的状态，不知道电视机前的观众能不能看得出来。

　　本章节选了几个非常经典的人物故事来说道说道，有一些是执着所致，有一些是认知受限。无论哪种，择偶对于他们都是挺难的一件事。

第二章 "我"的择偶条件

不能让步的择偶条件

最近录制的节目里,让我印象最深刻的就是这位邵阿姨了。"130 平"这个词,也成了邵阿姨的标签。是的,这 130 平指的就是房子。找老伴要求对方的房子有 130 平方米,1 平方米都不能少。

这个择偶标准是怎么定出来的呢?咱们还得从那天对邵阿姨的采访说起。

邵阿姨今年 60 岁了,但如果让您看本人,你会觉得她最多只有 50 岁。长相年轻,一米六的个头,50 千克的体重,纤纤细腰还像少女一样,这些都是邵阿姨骄傲的资本。

邵阿姨穿了一件淡粉色的衬衫,一身白色的西服,衬衫露出的部分不多不少刚刚好,能看出在同龄人里,邵阿姨的衣着品位算比较高的。更让人印象深刻的是她的发型,那是一种 20 世纪八九十年代流行的发型,这个发型也完全是邵阿姨自己在家完成的,完全没有用我们的化妆师。她的手艺得到了我们大家的赞扬。

邵阿姨的发型梳得精致,在我们这个年代的人看来,属于一种复古的造型。这时我看了一眼身边的王颖老师,王老师今年 58 岁了,身材和邵阿姨类似,年龄也比她小不了太多,她们可以算是一代人，但是王老师的穿着永远紧跟年轻人的时尚。从两个人的着装也能看出，两人的性格完全不同。

从邵阿姨现在的装扮来看，她年轻的时候一定是个美女。果然，邵阿姨一上来，就用穿衣打扮这件事打开了话匣子。看来穿衣打扮一直是让邵阿姨骄傲的一个点。

紧接着她谈起了婚姻。邵阿姨有两段婚姻，一段是在老家，她40多岁的时候前夫出轨，有了新的情感，这段婚姻就这么解体了。离婚后的邵阿姨来到了北京，认识了第二任丈夫。对他邵阿姨很满意，老北京人，一米八几的大个子，长得也好看，而且还比自己小。虽然住房条件不到60平方米，但是更看重外表的邵阿姨觉得，只要两人感情好，有个地儿住就得了。

但好景不长，邵阿姨没多久就觉得这第二任丈夫也不是那么爱自己的，首先他不怎么给自己花钱，家里的开销也大都是邵阿姨出的。有一天两人吵架，他还说出了让邵阿姨给他钱的话，"外地女人嫁给北京老爷们都得拿钱"。邵阿姨转述了前夫当时说出的话，但是问到在什么情况下对方说出这种话，邵阿姨没有回答。

以我们的经验来看，恐怕是谈到了户口的问题，不过我们也没有捅破，继续问邵阿姨现在的情况。

邵阿姨说她现在和前夫离婚了，离婚时前夫给了她6万块钱的赔偿。现在她还住在前夫的房子里，但并不是和前夫一起居住，前夫去别的地方住了。但是最近，前夫想收回房子，出于这个原因，邵阿姨想再找一个有房的老伴，这样就能解决自己居住的问题了。

第二章 "我"的择偶条件

邵阿姨说自己特别爱干家务活,而且是一个"宅女",最大的爱好就是看电视剧,一般一周就出一次门去买生活必需品,然后在家看一周的电视剧,连楼都不下。

了解完邵阿姨平时的生活情况,我们照例问了她的择偶条件。

"可以比我小,也可以比我大,大的话不能超过5岁。要求在北京有独立住房,不能少于130平。最好还是会做饭的,因为这些年我做饭做够了,天天就是伺候我前夫,他连马桶都不刷,我每天还得给他做三顿饭。"

听完邵阿姨的择偶要求,我们有点哗然。这个择偶要求乍一听不算太高,但是禁不住细琢磨。如果说前几年的婚姻里充当了老妈子的角色,那么再结婚,邵阿姨有点什么都不想干了。

——不想做饭伺候人了;

——我不出屋,就在家看电视剧;

——房子要大;

——年龄要合适。

听到这我们问出了一贯的疑问:这种条件的男士为什么非要找您呢?

邵阿姨没有正面回答我们,但是递过来的眼神里明白地写着"因为我漂亮"。

看到这样的信息,我们也不好多说,只能是尊重,于是就把下一位男嘉宾请了上来,和邵阿姨同场。

这位叔叔60多岁,住在北京某郊区的一个小区里,房子是80多平方米的两居室。叔叔对邵阿姨的印象很好,透露出了想深入了解的意愿。果然,邵阿姨的自信还是有原因的,确实漂亮就是有不少男性喜欢的资本。

"我不是特别想继续了解了。"邵阿姨说。

"为什么啊?这叔叔不是挺好的吗?也都符合您的要求。"主持人一脸纳闷。

"他的房子不到130平。"

"您这个房子的要求不能降低了吗?"

"嗯,对。"

"叔叔,您这房子,能努把力换一个130平的吗?"主持人给叔叔出了个难题。

"这……我得跟儿子商量商量。"

"您那边的房价现在是多少钱一平啊?"

"3万多吧。"

"那也就是您这房子如果换成130平的,还得添个150万元左右。"

"对,我拿不出来……"叔叔很是坦诚。

"您为什么非得要求这房子130平啊?"我们忍不住好奇还是问了邵阿姨。

"因为我的衣服和鞋特别多,有好几箱子,几十年前的衣服都还有,如果房子小了没地放。"邵阿姨说。

"那您现在住的60平方米的房子是怎么放下的啊?"

"都堆在那儿,所以说房子太小了。"

"那您这些衣服和鞋能不能精简一下,可以淘汰的就处理处理。"主持人还是不死心,毕竟这个叔叔的条件,真的还不错,

第二章 "我"的择偶条件

我们不希望邵阿姨错过这一段姻缘。

"我那些衣服都还能穿得下,没有能扔的。"

现场一时陷入了沉默。

"您在老家有房吗?"我打破了沉默。

"有,120平。"

"那您为什么不回老家,非要在北京找啊?"我问出了心中的疑问,"您看啊,您平时也不出家门,就在家看看电视剧,然后就是下楼买个菜,在哪个城市生活不都一样吗?您在老家又有自己的房子,也不用受制于人了。而且您现在的生活状态,其实电视就是您最好的朋友,您也不太需要非得找个老伴,找老伴还得给他洗衣服、做饭、归置屋子,这些您又不愿意做,您这有点自相矛盾啊。"我一口气说出了心中的疑惑,希望邵阿姨给我一个答案。

"如果真找不着的话,回去住倒是也行。"邵阿姨说得很犹豫。

其他两个专家也展开了攻势,希望能够让邵阿姨面对现实。我们多少能够猜到,邵阿姨比较要面子,尤其是他们那个年代的人,来了北京,就不能灰头土脸地再回老家了,如果现在这样回去,恐怕会被街坊作为茶余饭后的谈资。不是逼到最后一刻,回老家始终都是最后之选。

但在北京找个老伴,到底是生活所迫还是情感所需?恐怕生活所迫占的层面要更多一些。怀有这样的目的,自己却又不愿低头,恐怕爱面子这个事会一直阻碍邵阿姨的幸福。

荆莹有话说

其实很多人对衣着打扮的执着是和自己过往的经历有关的，还记得我们前文提到的黄叔吗？也是这个道理。

执着于自己独特打扮的人往往有两个心理状态：第一，希望自己与众不同，能够引人瞩目。这种引人瞩目其实不是简单地指走在大街上有多少人看自己，而是心里一直存在假想观众。第二，独特的和现代不同的衣着和物件，很多时候代表了回忆，也代表了高光时刻，即最风光的时候。

但这种停留在过去的自我感觉，又和现在有着脱节的地方。在相亲时，有人喜欢这样的装扮，当两个人开始沟通，也会发现执着于特定装扮的人，总是爱回忆过去，似乎现在发生的事情都和他们没有关系。

这种状态往往和他们的经历有关，即年轻的时候受人瞩目甚至被人羡慕。而现在不再是人们眼中的焦点了，所以他们对现在的生活状态和周边事物不感兴趣。

这样的人自尊心是很强的，通俗一点说就是要面子。这样的人提出的择偶要求会让人觉得有些苛刻，因为近乎完美。这同样和他们的自尊心强有关。配偶带出去不能给自己丢人，这个人的条件不能不如以前的配偶等思想一直占据在他们脑海里。

这种"面子"思想不去除，无论再找几个配偶，再结几次婚，最后注定都是失败的结果。

婚姻的实质是善良，是良好的道德品质。找一个善良的人，他才会始终如一地对待你，不离不弃。你自己是一个善良的人，才会无论遇到什么困难，都和他携手并肩共同抵抗。而只揪住某一点外在形象来看的人，是很难看到内在的品质。

就像我们常说的，鞋舒不舒服只有脚知道，好看的鞋子不一定穿着舒服，而舒服的鞋子外在可能平淡无奇。又好看又舒适的鞋，则是需要花大代价才能得到的。

很多人再婚的时候，无论男女，都较着一股劲儿，与其说是和前任较着一股劲儿，其实是在和自己较劲。

"我再找一定比过去强。"是他们心中暗暗许下的誓言。面子似乎成了他们生活的重心，但是人间如此多姿多彩，仅要面子而丢掉其他方方面面，怎么算其实都不划算。

养宠物式择偶，这届老年人真会玩！

养宠物式择偶，这个宠物，我们一般特指宠物狗，这是现在中老年人择偶时的一个常态，男女都有。何谓养宠物式择偶？养过宠物狗的人都知道，狗是非常忠诚的一种动物，只要认定主人了，无论主人对它好与不好，更有甚者你就算虐待它，它也不会离开。而且"狗不嫌家贫"，无论主人贫穷或者富有，是给狗狗吃香的还是喝馊的，狗狗也都认。忠诚、不离不弃、黏着主人是狗狗的一大特点。

养宠物式择偶，说的就是在择偶的时候，把狗狗的特性放在了人的身上。

邓叔今年64岁，从2012年就开始择偶，已经有9个年头了，但是依然单身。邓叔在舞台上的言谈并没有什么异常表现，说话也很诚恳，我们很纳闷邓叔为何一直找不到另一半。

直到有一天，一位和他发生过关系的女士找到了我们，听过她的讲述，我们才找到了原因。

先介绍一下邓叔。邓叔是老北京人，在近郊有一处住所，是个两居室。邓叔很有生意头脑，年轻的时候就早早下海挣了一笔钱，现在虽然不做生意了，不过一个人居住的邓叔把其中的一间屋子出租了，于是收房租成了邓叔的主要经济来源。

第二章 "我"的择偶条件

邓叔的房子在一层,又属于临街,所以邓叔的合租对象就不是普通住户而是商户,其生意头脑可见一斑。

邓叔有一个孩子,平时不怎么来往。所以邓叔无事一身轻,想吃什么吃什么,想玩什么就玩什么,生活得很自在。

邓叔离过两次婚,第一次是邓叔家暴给媳妇打跑了。用邓叔自己的话说,当年自己就是一浑蛋,挣了点钱不知道自己姓什么了,挺好的一个媳妇生生让自己打跑了。

邓叔说"报应"很快就来了,他觉得自己为第二段婚姻付出了很多。第二任妻子当年是早点摊上卖早点的,邓叔和她认识的时候她刚好得了病,为了给她治病,邓叔花了不少钱,治病的期间两人结了婚。

邓叔说要是自己没慷慨解囊,这任妻子恐怕早就死了,所以自己是她的恩人,在这种思想作祟下,邓叔觉得妻子跟他不会有二心。

但好景不长,结婚7年后,这位妻子的前夫来找她了,结果人家两人复婚,把邓叔一人给甩了。情感受挫也就算了,这位妻子还分走了邓叔一套房、一辆车和部分积蓄。邓叔不服,把前妻几次告上法院,但最后的判决都是这样,因为这属于夫妻共同财产。

被女人伤透了心的邓叔好几年都有点"一朝被蛇咬,十年怕井绳"的阴影,充满了对女人的不信任,便一直都在游戏人生,没认真找爱人。

邓叔55岁那年突然开了窍。孩子指不上,自己孤家寡人一个,恐怕有点事还是得指着老伴。于是抱着这种心态,邓叔第一次找到了我们，或许是因为第一次比较重视和紧张的缘故，邓叔表现得有些拘束，认真阐述了自己的婚姻情况之后，在择偶要求上也提得很接地气。唯一强调的就是和对方得有眼缘，也就是自己看着顺眼，长相不能太难看。

这次邓叔并没有牵手成功，后来几年陆陆续续也来过三四次，多半是有喜欢的女嘉宾，他奔着人家来的。有牵手成功的时候，也有失败的时候。邓叔从不气馁，无论竞争对手有几个，是什么样的，邓叔都不在乎。刚开始我们觉得邓叔是有自信的表现，后来发现，他是真的不在乎。因为回访的嘉宾不会像第一次来的时候重点采访，而是着重做男女双方之间的互动关系，所以邓叔这几次的到来，前后加起来，也没有说过太多次关于自己的情况了。

2019年的时候来过一位女士，这位女士是北京人，详细情况不在此赘述了，重点说下她和邓叔的发展情况。

那位阿姨说第一次见面后，她就跟着邓叔回家了，两人在家里简单吃了点饭，喝点红酒，喝得头有点晕，她就没走。结果她就在邓叔家住下了，第二天才离开邓叔家。

"那后来你俩就没再联系吗？"

"没联系了。"

"为何不联系了？"

"我俩吃饭的时候我问他，外面那间屋子能不能不出租了，不然我在这住不太方便，而且房子空间也就小了。他不同意，那就算了。"

2021年，邓叔又来了一次，或许是经过这几年的失败经

第二章 "我"的择偶条件

历，或许是对择偶这件事看得更开了，邓叔这次是提的择偶要求。

"谁看好我，谁就把我领走。我呢，每天就吃一顿饭，就是早饭。早饭我得吃肉，吃点排骨、吃点涮肉什么的，这样是为了后面这一天都不饿，要是早上不吃肉，很快就饿了。所以我早上就吃肉，菜啊粥啊什么的都不吃。吃完饭我就去公园跳舞去，为的是运动运动，消消食。中午跳完舞我就回家睡一觉，下午起来去打打牌，晚上回家看看电视，这一天就过去了。

"我择偶呢，对对方没有什么要求，退休金多少、有没有钱都没事，长得漂亮点，看着顺眼就行。然后这人得是踏踏实实、一心一意过日子的，别这岁数了还老不安分。"

"那这早上人家也得跟您一起吃肉吗？"我们问道。

"她爱吃什么吃什么，我不管，她吃她的，我吃我的肉。"

"上次牵手那位女士，为什么没成啊？"

"她说让我把我另一个屋收回来，别再出租了。这块我俩没谈拢。"

"那人家说得也有道理啊，人家想一起跟您过日子，您把那个屋租给商户了，人家没家的感觉呗。"

"那我也可以住她那去啊，把我现在住的这个直接也出租了，然后我俩拿着出租的钱过日子呗。"

"那人家要就想住您那儿呢？"我们说出了大部分女性的心愿。

"那不行，我还是得过我的生活，而且我觉得这位女士还是应该跟着我的步调来，别老是一上来就先提好多要求。风花雪月那些我也会，但这个得是双方的，你对我好，我对你好，不能我老热脸贴冷屁股是不是。"

"那您这一上来不也先要求对方年轻漂亮吗？"

听到我们这样问，邓叔没再说话。

……

不过和林叔相比，邓叔绝对是小巫见大巫。

据林叔自己说，他已经来过八次了，其中四次我都在。我一直被同事们称作记忆达人，只要是见过的嘉宾，我都能把他们的故事和人对上号，但唯独林叔，我没有留下太多的印象。

每次他来，我都知道他确实来过，但是什么故事，是什么样性格的一个人，我总是有些恍惚。因为林叔的外形确实比较普通，但是给人的印象是忠厚老实的那款。实际上，林叔很有自己的个性，直到这第八次，我才把林叔深深地印在我的脑海里。

为什么这次对林叔印象这么深呢？还要从林叔的开场白开始。

林叔说他已经来过八次了，第七次来的时候，被专家狠狠地"回击"了一顿，其中更是有人对他"人身攻击"了，所以上一次给他留下了很深的伤害。

林叔说这句话的时候我就在想，我有没有说过林叔，实在想不起来了，不过发表"人身攻击"的肯定不是我。

紧接着林叔对这次的某位专家发表了一番赞美之词，并说他很随和、会说话，而且林叔是第一次见到这位专家，所以对他之后对自己的评论产生了很大的期待，林叔认为他应该是可

第二章 "我"的择偶条件

以理解他的。林叔这段话的言外之意,就是我一定是曾经怼过他的那个人。

这一下就勾起了我的好奇心,我决定好好听听林叔的故事,看看我上次到底为何"伤害"了他。

林叔在场上很美好地回忆了自己的上一段恋情。两个人可以说是一见如故,更难得的是林叔认为对方的相貌也非常好看,很快两个人就同居了。

林叔说第一次把阿姨领回家的时候,是这么跟阿姨说的:"哎呀,我现在看你就像个宠物,怎么看怎么好。"

虽然只是一个比喻,但是我们在场的所有人,还是互相交换了一下眼神。

紧接着,林叔就描述了他这段美好的恋情。林叔说他和阿姨是那种打情骂俏的生活模式,两个人经常逗贫取乐,生活可以说是非常甜蜜。林叔觉得世界上没有比阿姨更好的人了。

从林叔讲述这段恋情的表情和语言来看,这段感情是真的非常甜蜜,林叔和阿姨也都找到了真正的爱情。

但好景不长,五年以后,阿姨有了第三代,在孩子的请求下,阿姨开始帮忙带孩子。一年后,林叔和阿姨再好的感情也没能抵过这实际的"困难"。林叔提出了分手。阿姨说:"你给我两年时间,两年以后孩子上幼儿园了,我还回来跟你过。"邱叔说:"我这把年纪已经等不起了,再等你两年我就70多岁了,到时候我还怎么找啊。"

阿姨又一步妥协说:"那如果两年以后,你还没找到的话,咱俩再一起过。"

"到时候再说吧。"

就这样，林叔和阿姨和平分手了。

听到这里，我们忍不住问林叔："在您这个年纪，还能找到这样的爱情是一件非常难能可贵的事情，您就没想过克服一下这个困难吗？"

"我克服不了，我俩差十几岁，她没告诉她家孩子她跟我在一起的事情。我们俩名不正言不顺的，我也没法陪她一起去看孩子。"

"那您不试着等阿姨两年？你们两个有这么好的感情。"

"哎哟，我可等不了了，我都多大岁数了。"

"那您现在的择偶要求是什么？"

"我现在看上一个人，我觉得她特别合适，她是2013年来的咱们这儿。"

"2013年？你来找八年前的人吗？"

"对，我就想试试。我今天谁也不见了，如果这人找着了就找着了，找不着就算了。"

……

听完林叔的这番话，我十分确定我上次一定"怼"过他，我再看向我身边刚刚被他夸奖过的某位专家，我问他打算怎么说。

他无奈地苦笑了一下："这我也得'怼'啊！"

……

第二章 "我"的择偶条件

荆莹有话说

目前在择偶的时候，很多人容易有双重标准。一方面不允许别人提太多要求，但另一方面自己又有很多要求且不愿意为别人而改变自己的要求。这种择偶需求其实就是单向的，即只考虑自己的需求，而不考虑对方的需求，这是不是有点像养猫和养狗呢？

虽然小猫和小狗也有情感需求，但是控制权掌握在主人的手里。主人高兴了想跟狗玩一会儿，小狗就会摇着尾巴和主人玩耍。

但是主人失落不开心的时候，小狗会趴在主人的脚边默默地陪伴，不会打扰到主人。主人不高兴打小狗两下，小狗也会默默忍受，或者跑到一边等待。

总的来说，就是召之即来挥之即去。主人不需要压抑和迁就，完全自己想干什么就干什么，想怎么表达情绪就表达情绪，对面的狗狗都要全盘接受，毫无怨言。

虽然宠物在主人那里也得到了很多好处并且有自由度，但是这种自由是有限制的，当宠物出圈不受控的时候，有些人就会抛弃自己所养的宠物。

最常见的是，家里有人怀孕了，很多人会弃养宠物。

两性关系和养宠物不一样，这种关系是双向的，双方都需要尊重、包容、迁就和忍让。只想着自己怎么高兴怎么来，对方是没有办法买账的。

这也是为什么很多人在离婚的时候，觉得自己对另一半那么好，自己付出了那么多，对方还会义无反顾地离开自己呢？

　　这是因为在婚姻中我们往往忽视了对方的需求，而只单方面表达了自己的需求。这也是我们经常在形容两性关系时会打的一个比方："明明对方喜欢吃苹果，你却天天给对方削梨。"一开始，对方还念你是好心，忍耐着把梨吃了。长此以往对方才发现，你不是好心，你其实是不关注，不关注对方的需求，不关注对方的情感。人都是希望被别人欣赏和认可的，在两性关系中，更需要关注。既然你满足不了，对方就会离开去找需要和关注他的人。

　　两性关系中，不是简简单单的一句"我爱你"就够了，能维持长久关系的，其实是"我需要你"。

　　另外，两个人开展一段关系后，我们要想的是如何将这份关系保持得长久，而不是一直单向汲取，当汲取不到的时候，就弃若敝屣。

　　在择偶的时候，我们首先还是要端正态度，试着换位思考，凡事多想着对方，多说说自己能为对方做些什么。人心换人心，对方自然也会对您好。不求您有多大的牺牲奉献精神，只求您换位思考，多考虑考虑别人的感受，如果是这样的话，很多时候，择偶也就没有那么难了。

第二章 "我"的择偶条件

试试才知道

就像前一篇邓叔的故事那样,中老年试婚已经是屡见不鲜的事情了,要试婚之后才能够决定这个人是否可以继续交往。不过这次要试婚的主角不是我们一般认为的男性,而是一位女性。

如果站在男女平等的角度看,似乎也没什么可大惊小怪的。我们还是来说说她——文姨的故事吧。

文姨今年61岁,一米七的大个,和一般注重保持身材苗条的娇小型女性相比,文姨绝不算瘦的。但如果和同龄人比,文姨又不肥胖。用身材匀称、丰满有度来形容文姨,可能更为贴切。

文姨也不算是美女,不是标准的双眼皮大眼睛,眼睛比丹凤眼大一些,有一颗美人痣。

在同性眼中,可能并不会特别关注文姨,既妩媚,又透着点知性,同性很容易和文姨成为闺密,也不会特别防范文姨。总的来说,文姨给人的印象,就是爱笑、随和、讲道理的那么一个人。

文姨离过两次婚,第一次文姨说得轻描淡写,那个年代大多是介绍的,估计文姨和第一任丈夫没有太多的情感。

让文姨大篇幅描述并且伤心欲绝的，是第二段婚姻——前夫出轨了。和所有的出轨故事一样，一开始并没有引起我们的注意，重点是前夫出轨后，文姨还是跟前夫继续生活，并且依然缠绵，最后前夫还是决意离开，这才让文姨伤心欲绝。

看来她一忍再忍，也没能挽回前夫的心。

文姨描述这段婚姻的时候，虽然表示很伤心，但脸上一直是笑盈盈的，她一笑，就会牵动那颗痣。男专家告诉我们，这样的女人很迷人，喜欢她的男士一定很多。你看，男性和女性的审美差异确实很大。

果然那位男专家言中了，喜欢文姨的还不止一个，来找文姨的男性很多，而且还争得"头破血流"的，目的就为获得文姨的芳心。

来找文姨的男士无论是外形还是条件都很不错，每一个看上去都是可以一起走完后半生的人。面对好几位这样的男士，文姨很快就选择了一位深入交往。

不过几个月后，文姨就又恢复了单身的状态。

"为什么分手了？那叔叔不是看着挺好的。"我随口问了问编导。

"他俩交往了几天，就去郊区玩了，回来之后文姨说那位叔叔不太行，所以不合适。"

"哪不太行？"

"那方面……"编导是个小姑娘，说的时候很含蓄。

这么一说我们就明白了。女性尤其在意这方面的，我们遇到的不多，或者说，明说的人不多。从那之后，我们对文姨有了更多的关注。

第二章 "我"的择偶条件

这次文姨又来了,是看好了一位叔叔。这次,有其他女士和文姨竞争了。鉴于对文姨魅力的了解,我们认为她的胜算很高,这次又是文姨主动看上的,基本十拿九稳。

果然,文姨再次胜出。

不过没多久,两人也分手了。

后来我们举办了几场线下相亲会,文姨都积极参加了,有一次在相亲会上牵手成功。

据说也是文姨先上去搭讪的,对方是一位身材彪悍、有点大男子主义的那种人,在献花的时候,文姨扭捏了几下还直接被训斥了。

"我给你献花已经很给你面子了。"

听到编导的转述,我们心里又一沉,不知道文姨能不能遇到既珍惜自己,又能满足自己的男士呢?

荆莹有话说

老年人也要有夫妻生活吗?女人渴望夫妻生活就是不知廉耻吗?这些都是我们对夫妻生活的一个理解误区。

夫妻生活无论是在年轻人的婚姻中,还是中老年的婚姻中,都是非常重要的黏合剂。

俗话说,床头打架床尾和。夫妻生活和谐,也会带来夫妻关系的和谐。中老年人也是如此。

而我们也应该正视中老年夫妻生活的问题,性和吃饭、睡觉一样,都是人的基本生理需求。老年人就不需要吃饭了?答案是否定的。同样老年人就不需要夫妻生活了吗？答案也是否定的。

相反，中老年对夫妻生活的渴望要高于年轻人。原因有三。

第一，中国男性常见的对夫妻生活的误区——过分重视夫妻生活频率。也就是重量不重质，认为次数多才是证明自己有男子气概的关键因素，所以频繁对配偶提出过夫妻生活。

第二，夫妻生活可以证明自己还年轻，还活着。人到老年时最怕什么？怕老，怕死。频繁的夫妻生活需求，是不服老的表现。

第三，退休后压力的释放。年轻人由于高压的工作强度、照顾孩子的辛苦及其他生活的琐事，失去了对夫妻生活的渴望，回到家只想躺在床上好好睡一觉，对于费体力的夫妻生活往往无暇顾及，这也是现在中青年中，无性婚姻上升率提高的原因。但老年人不同，已经退休的老年人每天有充足的睡眠和旺盛的体力，因此让他们可以充分地享受生活。

大部分中老年女性，在再婚择偶时抵触夫妻生活又是为何呢？这和上述第一个原因有很大关系——重量不重质。很多男性把自己的生理过程看作第一位的，所以在行为举止上往往过于粗暴简单，而忽视了伴侣的感受。

再婚的夫妻生活应该注意以下几个方面。

第一，要消除心理负担。不要过度担心对方是否会不满意自己的性爱节奏。毕竟人到老年，所有器官都是在走下坡路，和年轻时的自己肯定不能比，对方也是一样的。在夫妻生活过程中，刚开始出现不和谐是在所难免的。

第二，合理调节性欲。双方都不应简单地就夫妻生活的时长和频率来判断夫妻生活的质量。老年男性通常需要较长时间的刺激，女性可以试着主动，控制性爱的次数和频率。

第三，夫妻生活中要相互理解，爱抚更重要。由于年纪的衰老，行动的不便，老年人的夫妻生活方式也需要调整和改变。爱抚很多时候比实际的夫妻生活更能让人满足，毕竟夫妻生活也是为了让彼此双方体会到爱，而不是单纯地为性而性。最高级的夫妻生活技巧，就是将彼此之间的爱意融入夫妻生活中。

夫妻生活是必需品吗？

有人择偶时对夫妻生活有明确的要求，童叔也不例外，但意外的是，童叔提出的要求，却是婚后别有夫妻生活。

众所周知，中老年人单身比例是女多男少，所以当碰上比较优质的男嘉宾时，编导都是"捧在手里怕摔了，含在嘴里怕化了"。

童叔就是这样一位优质的男嘉宾，48岁的童叔还是处于事业的高峰期。童叔从事金融行业，穿着得体，长得也算仪表堂堂，但是给编导的感觉却并不自信。采访过程中，编导也没发现什么不好的端倪，就这样，童叔顺利地通过面试，来到节目现场参加录制。

采访到婚姻情况的时候，童叔露出了痛苦的神情，原来前妻出轨这件事给了童叔很大的打击。在问到前妻为何出轨，两个人是否是感情不和的时候，童叔却爆出了自己性功能障碍的事实。面对童叔的坦诚，现场一片寂然，不知该如何安慰童叔才好。

童叔便提出了自己与众不同的择偶要求，就是婚后无法给女士夫妻生活，想找一个对这方面没有需求的女士为伴。

我至今都记得，这期节目录制后，编导比童叔的神情更加

第二章 "我"的择偶条件

落寞。

"唉,我最近就这一个好的男嘉宾,还等着下次给他做回访呢!这回够呛了,我估计一个热线电话都没有了。"同样身为男性的编导抱怨了几句。

"你上台之前怎么没跟我说呢?"编导问童叔。

"我怕先告诉你,你就不让我上台了,之前也有人给我介绍,介绍人问我有什么要求,我把这个一说,介绍人就说没法给我介绍。"

……

让人没想到的是,童叔不仅有热线电话,而且比同样条件的男性热线电话更多。原来,不希望有夫妻生活的女性比想象中要多得多。就这样,编导面试了几位女嘉宾和童叔在现场见面。

"你采访的时候问没问这些女嘉宾是怎么想的,没夫妻生活也同意?"上台之前,我们在化妆间跟编导过策划时闲聊起来。

"有的是之前也被前夫出轨过,有点怕了,所以觉得他这样简直太好了,就不会出轨了。还有的是本身自己也没有什么需求,一拍即合。"

"原来是这样……"

男女嘉宾同场的场面很是顺利,这个问题开诚布公地摊开之后,彼此之间没有了不能聊的禁忌,男女双方各自就彼此的生活习惯和兴趣爱好深入了解了许多。

最后,童叔对那位同样在婚姻中被出轨的女士更有好感,或许是惺惺相惜,或者是彼此更能理解对方的痛苦,就这样,两个人最后在舞台上牵手成功了。

荆莹有话说

在我们的生活中,出轨是离婚的原因之一。出轨一方面是道德品质有问题,另一方面就是婚姻中缺少夫妻生活。

中老年人离婚和现在的年轻人不同,有关调查显示,现代年轻人离婚率最高的原因是性格不合。而中老年人离婚无外乎以下几种:家暴、赌博、出轨、婆媳不和。

除了性瘾症患者(一定要不停地更换性伴侣,无法控制自己)外,很多出轨都是表象的离婚原因,或者说出轨只是导火线。

那么如果把出轨现象往上捯,我们会发现,夫妻两人长期没有夫妻生活,是导致其中一方出轨的直接原因。而没有夫妻生活再往上捯一层的话,原因就五花八门了,比如婆媳不和、酗酒、赌博等,有各种各样的可能性。

这也就是我们说的,夫妻生活是婚姻中非常重要的黏合剂。

在本书中我反复提到性和吃饭都是人的基本需求。如果你和一个人相处,对方总不让你吃饭,你是不是也会出去下馆子呢?不同的是出去吃饭没有道德束缚,而出轨,则上升到了道德的层面。

中老年人再婚率不高,跟男性更强调夫妻生活的重要性是密不可分的。中老年男性对夫妻生活有需求，但这个年龄段的大部分女性因为年龄关系导致的生理性不需要。不同于对房子和经济上的直接要求，男性对女性年龄的要求其实就是隐形的对性的需求。由于社会伦理的约束及对方的需求差异等，这就使得中老年人再婚这件事难上加难。

然而，不需要夫妻生活的男性有时反而满足了大部分女性对婚姻的期许；不和谐的夫妻生活、对夫妻生活认知有误区的男性，都让很多女性望而却步。中老年人婚姻中，女性更加渴望的是安定，所以不需要夫妻生活的男性更像给婚姻上了保险一样，让她们感到踏实和放松。

你听过"钟情妄想症"吗?

一看到"钟情妄想"这四个字,可能有的人不理解,我们先来解释一下什么叫钟情妄想。

钟情妄想是一种心理异常的症状,它属于思维内容出现障碍的一种。钟情妄想是患者坚信某人对自己产生了爱情,即使遭到对方义正词严的拒绝,他也认为这是对方在考验自己,仍然不会质疑对方是"不爱自己",故而继续对对方展开纠缠。钟情妄想多见于精神分裂症。

患有精神分裂的患者一般意识清楚,智能基本正常,但部分患者在患病过程中会出现认知功能的损害。

钟情妄想其实是一种精神类疾病,但没有任何心理学知识的人,是无法分辨出一个人是否有这样的疾病的。因此,当我们遇到这位患有钟情妄想的女士的时候,我们毫不知情。

那个时候我还从事幕后工作。我清楚地记得有一天节目播完,一个编导接到了一个热线电话,然后就很兴奋地说:"我刚才接到了一位女士的电话,她的思维方式和说话方式都很特别,我把她约来面试了,明天过来一起见见。"

第二天,我们见到了这位凌女士。凌女士55岁,化着不算淡的妆,但是身材维持得非常好,从后面看她的衣着和身材的

第二章 "我"的择偶条件

话，也就觉得这人30岁出头，说是二十七八岁也会有人相信。如果从正面看也不会看出55岁的年纪，因为她给人的整体感觉都是年轻有活力的。只有非常近距离地看，才能看出眼角的鱼尾纹和一点法令纹。

凌女士说话声音细细的，很多时候还像个害羞的小姑娘。

这样的外形配上这样的表达方式，不到三分钟，凌女士就通过了面试。凌女士这次来还表达了一个诉求，她是冲着一位男嘉宾来的，那位男嘉宾姓焦。焦先生前段时间刚参加过我们的节目，凌女士希望在节目上和他见面。

送走凌女士，编导就给焦先生打了电话，那个时候我们还不会直接告诉男女嘉宾有人冲您而来，通常就是简单地说，这期我觉得有合适您的朋友，请您再过来一下吧。为的是节目现场录制的时候给当事人一个惊喜，然后看他们真实的现场反应。这其实也是节目最吸引观众的地方。真实的相亲反应，无论是热烈也好，羞涩也好，尴尬也罢，观众都希望看到他们在相亲时候真实的样子。

但现在受到录制环境的限制，男女当事人往往在节目录制之前等着排队的时候就已经互相简单见过了，缺少了神秘感和新鲜感。更有一些嘉宾经验十分丰富了，现场没有他喜欢的或者喜欢他的，他就不会来。再加上现在的编导越来越年轻，和有着几十年阅历的叔叔阿姨们斗智斗勇，还是稍显稚嫩。虽然是真实的相亲节目，但是现在往往少了几分神秘感。这也是现在有的观众抱怨说怎么觉得没以前那么好看了的原因。

言归正传，在焦先生并不知道有喜欢的人冲着自己来的情况下，那天他登上了舞台。

焦先生一上来，我们还是照例问了他上次节目参加后生活发生的变化，焦先生一下就来精神了。原来他上次提到自己每天晚上都会在北京某公园跳广场舞，自己既是参与者也是组织者，而且舞跳得还很不错。好几位有心的女士捕捉到这一信息，亲自去公园和焦先生"偶遇"去了。这让焦先生非常感动。

不过用焦先生的话说，跟她们都多少有点不合适，所以当我们一给他打电话，他就欣然同意再来一次。

"那您知道今天也有喜欢您的女士冲您来吗？"我们问。

"哟，我还真不知道。"焦先生有点错愕，但马上就乐开了花，自己能这么受欢迎真的是一件挺开心的事。

"那我们把她请上来，跟您见见面。"

话音刚落，凌女士就从舞台后面上来了。在导播间的我们却看到焦先生的笑容一下凝固了，脸色也越来越白，这不是夸张，而是当时他的反应太明显了，给我们留下了很深的印象。

随着凌女士上台离焦先生越来越近，我们明显感觉出焦先生有想逃离的感觉。主持人也察觉出不对劲了，直接问焦先生怎么了。

原来，凌女士就是去公园找焦先生的其中一个人。焦先生直白地跟我们说，一开始他还挺高兴的，觉得凌女士年轻漂亮，但聊了几句就有点不对劲，觉得凌女士是非要跟自己在一起的。作为阅人无数的焦先生，一下就知道这种女的不能招惹。他就想赶快打发掉凌女士，但是非常难。焦先生那天自己可以用

第二章 "我"的择偶条件

"落荒而逃"这四个字来形容。

但没想到的是，凌女士不知道从哪儿弄来了焦先生的电话，天天给他发短信，发得还十分肉麻，俨然热恋中的情侣。焦先生当然不会回复这样的信息，接到凌女士的电话他也会赶快挂断。因为凌女士，焦先生说自己已经好几天没去公园跳舞了，生怕她又找来，没想到怕什么来什么，今天居然在这又遇见她了。

这次来虽然受到了惊吓，但对焦先生来说绝对是好事而不是坏事。因为凌女士看到我们的一位专家后，"移情别恋"了。

虽说是冲着焦先生来的，但上到舞台以后，凌女士的眼睛一直没离开那位专家，而且两人还共舞了一曲。

这支舞跳完，在凌女士心中，恐怕就定了情了。

从那天以后，在一年的时间里，负责凌女士的编导每天都能收到一条凌女士给这位专家的情话，那个时候还没有微信，所以都是短信。编导一开始没有理会，认为发两天新鲜劲儿也就过了。谁承想坚持了一年，如果最后没有报警的话，可能会持续发到今天。

那天报警是因为凌女士自己来到了我们的办公地点，在写字楼里来回转，还发出了类似得不到爱情的回应生命就没有意义之类的信息。编导看到这样的信息，怕凌女士轻生，这才报了警。

最后警察出面，才让这件事画上了句号。警察说这种人他们见太多了，智商都没问题，但是精神方面确实出了点问题，吓唬吓唬他们，他们就不会再来了。

果然，那天之后，编导再也没收到过凌女士的信息。

在这期间，编导也就凌女士这件事，咨询了当时的心理专家，心理专家说这就是典型的"钟情妄想"。

荆莹有话说

在单身的中老年人中，约有1%的人心理状况不太理想。这里我们所说的仅仅是症状比较明显的。

最常见的是老年抑郁情绪，这个之前也提到过，就不赘述了。再有就是精神分裂。精神分裂的临床表现有很多种，上面故事中提到的是妄想的一种，还有思维障碍、感知障碍、紧张症表现和暴力行为。

我们之前也接触过一位叔叔，他很坦诚地说自己年轻的时候得过精神分裂，去回龙观医院治疗过一段时间。出院后自己也经历了两段婚姻，但都是以离婚收场。提到离婚原因，叔叔都说是自己给了她们无可弥补的伤害。言外之意想表达的就是暴力行为。这种暴力行为往往是他在被激怒时，无法控制自己的情绪，从而对对方产生了暴力。

还有几个叔叔的精神分裂表现为思维障碍，比如思维奔逸，基本就是所答非所问，而且毫无逻辑性，就是想到什么就说什么。可以理解为蹦句子，语言前后之间往往没有关联。

我们在相亲的时候，如果听到对方很坦诚地说自己有精神病史的话，其实我们要非常小心谨慎地考虑是否要进入这段关系中。因为他们的思维方式确实和常人不同，和这样的人相处，需要非常大的包容心，并要肩负着很大的责任。很多时候你不能理解他在想什么，他也不能理解你为什么这样做。这样的情况他自身主观意识是不可以控制和改变的。

很多人会抱有侥幸心理，尤其是遇到外表很漂亮或者俊俏的异性，在接触的初期不知道对方有精神类疾病时，往往会认为自己可以改变对方，但最后两个人在这段关系中都会受到伤害。

还有的人在相亲时会遇到一些"不可理喻"的人，或者一些提出非常过分要求的人，这类人有一定概率是患有精神类疾病的患者，他们的思绪已经不受自己控制而且无法改变。

这也是我喜欢做客电视节目的原因。可以通过电视这个平台，向更多的人普及一些心理学的知识。

很多时候我们在网络上看到有人虐猫虐狗的行为，并对之报以谴责。但无论怎么谴责，似乎都收效甚微。其原因是没有对症下药。一般虐待动物的人也"生病"了，是心理上或精神上的疾病导致他们做出这一行为举动。因此只是单纯地谴责他们的举动是没有效果的，必须从根本上把病治好。这种不良行为随着疾病的治愈，也就消失了。

中老年人相亲也好，正常的生活也好，很多人因心理上的疾病，导致产生了很多出乎意料的想法和行为。我们只有了解到背后深层次的原因，才能帮助他们解决问题。

逗你玩可不行

我要插播一个年轻人的故事。其实他也不是非常年轻,也有35岁了。之所以会写他的故事,是因为非常具有代表性。且根据他的人格走向来看,即使到40岁乃至更大一点,可能他也是一种单身未婚的状态,所以非常有必要把他的故事作为典型拿来说一说。

这个男孩是一个典型的"凤凰男"。"凤凰男"这个词相信大家都不太陌生,不过还是要解释一下这个词的意思。

"凤凰男"普遍指的是那些出身贫寒,几经辛苦努力考上大学,毕业后留在大城市工作的男性。这类人虽然离开了相对贫困的生活环境,但仍然保留了许多落后的观念甚至腐朽的观点。

这个男孩姓郑,下面我们统称他为小郑。

我们的节目一开始并不是一个中老年人的相亲节目,而是一个全年龄段的相亲节目,也就是下到20岁,上到90岁,只要你有找对象的需求,都可以来这个平台相亲。

但由于现在的电视受众基本是中老年人,年轻人不看电视转向互联网,所以做年轻人节目的时候,收视率就会下降。同时,年轻人工作日要上班,不能灵活地调配采访和录制的时间,这也让编导录制年轻人选题的时候难度会加倍。综合上面两个原因,越来越多的编导转向做中老年选题,慢慢地,《选择》就

第二章 "我"的择偶条件

变成了一档中老年相亲的栏目。

但在 2017 年的时候,我们还是做了一回努力,希望扩展年轻人的市场占有率,专门选在周末两天的时候做年轻人的选题,就这样,编导找到了小郑。

一开始去采访小郑的时候,编导就意识到这个人很难找到另一半。编导是一个小姑娘,采访的时候特意迁就小郑的时间,在下班的时候去小郑单位等他。约好的是晚上 6 点半,编导准时到了那儿,给小郑打完电话后,7 点小郑才下来,下来之后没有抱歉和不好意思之类的话,也没有讲述任何迟到的原因。虽然采访顺利完成了,但是编导对小郑择偶感到担忧,作为小郑的同龄人,小郑这样的缺少礼貌表现容易激惹到相亲的异性。

这次的节目形式,我们采取了纯外景拍摄的形式,希望能在生活和工作的场景中,更生动地看到这些男孩和女孩的相处模式,男孩是不是了解女孩,能够关爱女孩。

小郑和一个挺漂亮的姑娘分到了一组,据我们了解,小郑对这个女孩也有好感,是希望能谈恋爱结婚的那种好感。结果在约会的时候,我们所有人都没有感受到小郑的这份心意。

女孩当天穿了双高跟鞋,两个人要一起进到一个博物馆参观,小郑旁若无人、自顾自地往前走,完全把穿着高跟鞋、行走并不是很方便的女孩抛在后面。

当两个人可以谈话交流的时候,小郑也说着很多围绕自己的感受,比较以自我为中心的话语,让女孩感到很不舒服。

节目录制后,我们要根据看到的片子,对男女嘉宾提出一些建议。当说到其他男孩女孩时,大家基本会虚心接受,我们有说的不完全准确的时候，对方也会和我们探讨当时自己的想法是什么来争取化开误解。

但到了小郑这里，他只能听得进去夸赞他的话，当善意地给他提出任何建议的时候，他都会反驳说"我刚才是逗着玩呢"。这样的情形不下10次。

由于时间比较久远，所以我想不起更多具体的事例了，但是当时给我的感受一直延续到今天。所有的女性，无论是我们工作人员，还是女嘉宾，都对小郑没有好感，而且在择偶的时候都千方百计会避开这种雷区。

荆莹有话说

在中老年婚恋市场上其实我们也不难发现，像小郑这样的老年男子也有很多。

这种人一种是老年"凤凰男"，即年轻时候靠自己的努力从贫苦地区定居到大城市的人，另一种则是拆迁户居多。这样的人身上有三个非常显著的特点。

第一，吝啬。这种吝啬可能是对外人大方，对家里人小气，也可能是对内对外都小气。究其原因是"凤凰男"的钱来之不易，都是靠自己打拼奋斗来的，所以在花钱的时候会非常在意，认为不必要的花销都不应该花。拆迁户的钱虽然来得很容易，但是由于以前过苦日子过惯了，所以消费观念依然很保守。

第二，自卑或自负。自卑和自负是两个极端，但是过度自卑就会变成自负。很多"凤凰男"和"拆迁户"

第二章 "我"的择偶条件

都会陷入这种恶性循环里。

自卑很好理解，无论是"凤凰男"还是"拆迁户"，在没发迹的时候都十分穷苦，很容易陷入自卑的心理。至于自负俗话说得好，最怕"穷人乍富"。突然发迹的他们跟自己以前的环境比，会觉得自己突然拥有了很多东西，开始自信飘飘然，导致无法清楚地认知自己。于是在择偶的时候也经常把择偶条件定得过高，认为自己可以匹配那种高水准的女性，殊不知对方并没有把他们列入择偶对象的范围内。

第三，认为男尊女卑。"凤凰男"和"拆迁户"都是从小在农村长大的。一直以来，农村重男轻女的男尊女卑的思想深入骨髓。这也是为什么同样是农村人，女性无论是在农村结婚还是嫁到城市里都更容易促成家庭和睦的原因。农村的女性更谦卑，矛盾冲突较小。而农村的男性则认为自己是一家之主，女性应该顺从甚至是服从，于是就会和都市女性在观念上有着不可解决的矛盾。而农村的女性又不在很多"凤凰男"和"拆迁户"发迹后的选择范围内，这就导致了择偶偏差。他们喜欢的不喜欢他们，能接受他们的，他们又看不上。

那么"凤凰男"和"拆迁户"如何才能择偶成功呢？一定要正视自己。但这些话很难入耳，因为在他们的认知里是不允许被批判的，尤其是来自女性的批判。从某种程度上来说，女性批判这是在挑战他们的权威。

那换个角度说,什么样的女性才能接受"凤凰男"或者"拆迁户"呢?答案是和他们有类似经历的女性,或者依然身处农村或者持有非常传统保守观念的女性。

但这样的女性多吗?相信会越来越少。

第二章　"我"的择偶条件

屡战屡败，屡败屡战

　　这是两位男士的故事。这两位男士无论从年龄、外形还是经济条件来看，都不是同一类人，但是他们的思维方式很相近，可以统称为"想当然"。

　　先说一下"是女的就行"先生的故事。这位于叔64岁，地地道道的北京人，住在北京二环内。现在的生活条件还不错，但年轻的时候，于叔说自己的生活只能用"窘迫"来形容。

　　于叔说那个时候家徒四壁，再加上于叔的身高不到一米六，在年轻的时候找对象十分困难。好在于叔对自己的认知定位特别清晰，在年轻时的择偶观就是"是女的就行"。就这样，在那个全民都要二十多岁结婚的年代里，于叔成功结婚并有一个孩子。

　　2019年老伴去世了，受不了孤单的于叔又动了找老伴的念头。于叔还是不挑，只要有能看上自己的人就行，就这样交往了三四位女士，结果被骗了不少钱。

　　于叔说父母的房前些年拆迁了，兄弟几个每人分了几十万元，但是到现在自己手里的70万元已经被骗得就剩十几万元了。

　　于叔现在和孩子一起住一个小三居。因为地理位置好，所以他们为了挣更多的钱，就把其中一间屋子做日租房出租，供来旅游的人短住，每个月收入能有1万多元。

于叔还帮人做做跑腿的工作，比如你想买个什么，于叔就替你去，然后给些辛苦费就行，于叔有时候还帮忙送快递。反正闲不住的于叔看哪个活儿能挣点钱就去挣点，这样一个月加上房租也有个2万多元的收入。

在相亲的时候，于叔会告诉相亲对象自己月收入1万多元。一听于叔月收入挺高，好多女士就忽略了于叔的外表和他进行了交往，但是于叔并不会轻易给这些女士花钱，要首饰，不买，要衣服，不买。

这么护财的于叔怎么还能被骗钱呢？

于叔说：我可以跟她们去旅游，旅游的时候钱都我来花，那时候想买什么旅游产品也都可以买。

就这样，于叔分别和三个女士旅游过，其中还有一个是半个月的欧洲游。就这样，于叔的钱就花得差不多了。

为什么来我们这儿找呢？于叔说他没钱了，也不敢再自己找了，所以来这儿找比较靠谱，上到80岁下到30岁，是个女的就行。

我们问道："您家里现在这么多人住着，还有房间是租出去的，以后人家后老伴真来了怎么住呢？"

于叔说就这样一起住啊！我这择偶要求都这么宽泛了，总能来一个人跟我一起过吧。

……

洪先生今年53岁，和于叔的形象截然不同，一米八几的个子，浓眉大眼，平时喜欢健身，一身的肌肉，外形十分俊朗。

第二章 "我"的择偶条件

洪先生有过两段婚姻，两任妻子都比他小十几岁，而且都很漂亮。第一任妻子是洪先生当模特的时候认识的，女孩子年轻的时候对婚姻考虑的并不多，只要男孩长得帅，有情饮水饱。虽然洪先生并不富裕，但女孩依然很喜欢他。就这样两人很快结婚了。两个人都血气方刚，婚后才知道日子是要靠柴米油盐过的。婚后没多久，女方就提出了离婚。

离婚没多久，洪先生又认识了第二任妻子，并生育了一个孩子。

据洪先生说，每次结婚都是女方先追的他，所以他并不太懂女人心。生完孩子后，两人之间矛盾重重，最后去法院闹离婚收场。洪先生很想把孩子的抚养权要回来，但是法院最终还是判给了前妻，而他和前妻又闹得很僵，也没什么机会去看孩子。

现在的洪先生择偶中最重要强调的一点，就是女方要能生个孩子。于是他的择偶年龄就放在了30岁以下的女性身上。

那么问题来了，无论外形再怎么出众，23岁的年龄差，使得更多女性还是更多偏向经济条件，那么洪先生的经济条件怎么样呢？

洪先生有两套房，一套自己居住，一套出租。居住的那套房编导去拍摄了，地理位置不错，房子面积也可以，是比较简易的装修。那么洪先生现在的工资是多少呢？一个月3000元。

另外，由于前两任妻子都十分漂亮，所以洪先生择偶时，依然要找漂亮的女孩。简单来说，就是一切择偶标准照搬年轻时候的水准。

自己20多岁的时候找的20多岁的女孩结婚，40岁的时候也能找二十五六岁的女孩结婚，如今53岁了，还要找30岁以下也就是20多岁的女孩结婚。

而洪先生自身除了年龄的增长以外，自身的其他条件没有任何变化，如何继续吸引20多岁的小女孩呢？

我们把这个问题抛给了洪先生，洪先生是这样回答的：

"我现在去健身房，在那练的都是二三十岁的小伙子，都比不过我，他们说我这身体条件也就像30多岁的人。"

始终坚持这种择偶要求的洪先生，一共来过三次，第三次的时候他在电视上看到了两位二三十岁的小姑娘，于是就跟编导说，想电话联系一下这两位姑娘。

编导和这两位姑娘说明了洪先生的情况，两个女孩都表示不愿意。被两位姑娘拒绝后，洪先生不为所动，依然坚持自己的择偶要求。

我们又苦口婆心劝了一番后，洪先生说："我还是得找个能生孩子的。"

……

荆莹有话说

在择偶的时候有坚持是一件好事，但如果几次碰壁之后还是不知道变通、调整自己择偶标准的人，有一种是性格中有偏执的成分，还有一种是对自我的认知能力有限。

随着时间的推移，人的生理年龄在不断增长，心理状态健康的人，心理年龄也随着生理年龄稳步增长，但

第二章 "我"的择偶条件

还有一类人，虽然生理年龄增长了，但是心理年龄没有变化，认知能力也停留在二三十岁甚至十几岁时候的样子。

我们最常见到的是很多80多岁的老年人，经常回忆过去，抨击现在，是比较"愤青"的状态，这种现象以老年男士居多。其实这是一种拒绝成长的表现。这种成长不单指自己内心的成长，还有我们经常说的一个词叫"与时俱进"。

在60多岁的老人里我们也不难发现，很多人用智能手机和互联网不输给年轻人，和时代共同进步。而有一些人可能才40多岁就拒绝使用电子产品或者抵触电子产品，这也是拒绝自我成长的一种表现。

相亲的时候我们经常会遇到这种人——正常人会觉得他们提出了许多非常无理的要求，其实他们所提的要求是建立在他们曾经成功过的经验之上的，即我年轻的时候这样成功过，我现在这样依然可以成功。

但是他们忽略了现在环境的改变，人们的思想也在随之改变。女性在这方面很多时候会变通得多，越来越多的女性思想越来越开放，适应时代也适应得非常快。要她们再过回"20世纪八九十年代"的生活，谁又会愿意呢？

50 岁以上未婚的那些人

前面提过,很多未婚的大龄男女相亲成功率非常低。往往到无法择偶的年龄段时,他们依然单身,那么这到底是怎么回事呢?

如果放在以前,谁家要是有个 50 岁还未婚的人,可能早被街坊邻居的吐沫给淹死了,放到今天,社会包容度提高了很多,但大家还是难免指指点点这个人是不是有什么问题。

其实他们不一定是生理上有毛病,有些人是心理作用作祟,有些人是性格的问题。

超大龄未婚我们总结了一下有几种情况:

第一,人际交往能力差,沟通能力欠佳。

第二,择偶要求过高——沉没成本效应。

第三,逆反心理。

先来说第一种,人际交往能力差。这类人男性女性都有,往往是性格非常内向且不擅于和人沟通的那类人。如果把人分为几种类型,有外向型、慢热型和内向型,那么这种人就是纯内向型。

很多人认为不爱说话的人就属于内向,这其实是有误区的。所谓内向,是指把与别人打交道当作一件很累很麻烦的事且不

第二章 "我"的择偶条件

善于表达的人。这两个条件缺一不可。

有的人虽然不善言辞，但是喜欢凑热闹，这类人通常不会单身。

还有的人虽然觉得和人交往很累很疲惫，但是口才很好，能言善道，他或许不会主动择偶，但是这种性格还是能够吸引到异性的，所以也能顺利脱单。

唯独上面说的纯内向的人容易被剩下，因为他完全没有存在感。

我们可以回忆一下，我们周围大龄单身的人，是不是有那种，如果同时在一间屋子里，有他没他都不会被人发现的人？是的，就是这种没有存在感的人。

这类人往往有一个共同点——自卑。这种自卑是复杂且多方面的，有的人是因为长相，有的是因为经济条件，还有的来源于原生家庭的教育。总之自卑的人就容易包裹住自己，保护自己不被别人看见。

在与人交往时，自己越没有拿出手的特点，就越不愿暴露自己。越不暴露自己，自己的生活空间就越狭小，在这种恶性循环下，往往被人忽视，自身的价值感也就很低。

第二种则是择偶要求过高，这在心理学上叫沉没成本效应。简单来说就是指人们因为舍不得前期付出的时间、金钱、努力等，导致在决策的时候做出错误的选择。

我见过的大部分未婚大龄男女都属于这一类。吕姨和刘叔就非常典型。

吕姨年轻的时候喜欢看电影《五朵金花》，对里面的男主角阿鹏念念不忘。年轻的时候立下誓言，要嫁就嫁阿鹏这样的男人。

吕姨在当地有着很好的工作，年轻的时候长得也漂亮，所以追求者众多。但由于一直拿阿鹏做标准，现实生活中的"凡夫俗子"都比不上她心目中的阿鹏，就这样错过了适婚年龄。

吕姨是家中的老小，父母眼看着哥哥姐姐都结婚了，吕姨还是单身也很着急。但是拗不过这颗掌上明珠，所以到了30岁，吕姨还是单身。

从30岁到50岁这20年里，还是有人给吕姨介绍，也有追求吕姨的离异男士。但是跟20多岁时候追求自己的人比，这些人的条件无疑差了一截。吕姨也接受不了自己一个大姑娘去给别人当后妈，这一拖，就拖到了58岁。

来到北京以后，随着年龄的增长，吕姨的身体不如从前，偶尔有个头疼脑热倒还好说。这一年，吕姨把脚扭了，这时吕姨才体会到什么叫叫天天不应，叫地地不灵。于是下定决心来相亲。

到了这个年龄段，吕姨觉得自己可以接受有孩子的男士了，毕竟她择偶要找比自己年纪大的60多岁的男士，基本人家孩子都成家了。自己不用和对方的子女有太多的牵绊，现实让吕姨对对方的婚姻状态做了让步。

但对外形和经济条件的要求却有增无减，毕竟前30多年都没找，如果现在找一个还不如30年前的人，那自己这30年的时间岂不是白白浪费了。

这就是吕姨的心理状态，这就是沉没成本效应。

第二章 "我"的择偶条件

也正是这样的想法，让吕姨耽误了这么多年。

刘叔也是一样。刘叔是地道的北京人，家里条件不错，但是身高不到一米七的刘叔，并不是漂亮女孩的首选对象。然而刘叔的择偶要求就是对方得漂亮，个儿高，北京人。三者缺一不可。

但我们都知道，这样的女性选择性太多了，所以刘叔就一直单身。单到42岁的时候，刘叔虽然嘴上不说，但心里悄悄把择偶条件更改了一条，那就是外地人也可以。但刘叔又加了一条——年轻。

但个子高、年轻、漂亮的外地姑娘，选择性也太多了。于是刘叔到今天48岁了，还是未婚。

到了现在刘叔一身的病，三高、糖尿病一个都没少。但是择偶要求也一条都没降，可刘叔也知道，以现在自己的身体条件，理想的女孩更不会找他了。

"算了，我也别拖累别人了，这辈子就单身吧。"

第三种，逆反心理。这种就是家里惯坏了的"大男孩"或"大女孩"了。

这样的人往往父母经济条件很好，自己从小又很得宠，所以父母不在乎自己嫁人没有或者娶妻与否。也可以说是父母的自私和养育方式，造成了他们大龄未婚的原因。

有一位李女士就非常典型。

李女士今年47岁，北京人。在中老年婚恋市场上，47岁这个年龄是非常吃香的。李女士个性十足，前期并没有当面接受编导的采访，而是在电话里和编导沟通的。由于不用智能手机，所以编导也没有看到李女士的照片。

但是按以往的经验来看，再怎么样，47岁这个年龄都是很受欢迎的，当天又有个要求找未婚女嘉宾的男嘉宾，所以编导决定把李女士安排在一号女嘉宾这个位置。

录制当天，编导接到李女士就吃了一惊。原来李女士虽然47岁，但是看外形像是67岁，花白的头发，70岁左右人的着装打扮。仔细看皮肤可以看出47岁的年龄，但是猛一打眼，确实不像这个年纪的人。

事已至此，已经没有回旋的余地了，于是编导叮嘱化妆师，把李女士打扮得年轻漂亮一些。

化妆师什么场面没见过，欣然接受。不过在给李女士化妆的时候，也犯了难，原来李女士要求不画彩妆，要求自然美。

"我现在什么样就什么样，我找了对象也还是这样，如果我现在画得好看了，回头卸妆给人家吓死了怎么办啊？"

从这句话就能听出一些端倪——李女士个性很强。

于是，化妆师只给李女士铺了粉底，压了压脸上的油光，毕竟是要上镜的，纯素颜是不可以的。

紧接着打理头发。看到头发都趴在李女士的头上，化妆师随口问了一句，"您这是多少天没有洗头发了？"

"我今年就不怎么洗头了。"

……

就这样，见多识广的化妆师也无能为力，只能基本保持原样地让李女士上了台。

我们问到李女士的择偶要求时，李女士说她看上了往期节目

第二章 "我"的择偶条件

里的一个男士，对方是中医，没有孩子，她认为很适合自己。

不过这位中医今天并没有来到现场，原因是前期沟通的时候，中医问了李女士的情况，听到年龄这一块，中医拒绝了编导的邀请。

"我们年龄差距太大了，我今年72岁，她才47岁，我们不合适。"

是的，李女士要找的这位男士已经72岁了。我们问到李女士为何选择年龄差距如此大的对象时，李女士是这么回答的。

"只要是中医就行，其他条件都可以放开。"

"为什么非要找个中医呢？"

"他懂这些中医知识可以很好地照顾好自己，我就不用再照顾他了，他也能教会我一些知识，我能很好地听他讲，我喜欢让我崇拜的人。"

"那西医不行吗？"

"我觉得中医更有文化底蕴。"

问到李女士年轻时候的择偶要求，李女士也直言不讳，说以前相亲自己都挺积极地去的，但是都见了一面就没有第二面了，总觉得对方都无法吸引自己，所以无法产生感情，没有感情的婚姻没法结合。

"而且我为什么非要结婚呢？我跟我爸妈一起住得也挺好的。其他人越说应该结婚，我越觉得自己过得挺舒服的。"

"那您现在怎么又想找了呢？"我们还是没有搞懂李女士的逻辑。

"我觉得我都到这个年龄了，应该需要养生了。"

中老年情感加油站

"那您觉得,您如果没有感情,能和一位72岁的男士开始相处吗?"

"如果没有感情,我是不会跟他相处的。"

"但您现在不是还跟这位中医没有感情吗?用您的逻辑怎么相处?"

"我得见了才知道。"

整场采访就在这样的逻辑闭环里周而复始。

为了搞清楚李女士的思维方式,我们询问了她的生长背景。

原来,李女士的父母都有很好的工作,家里只有李女士一个孩子,在那个年代,李女士的生活条件非常优越。李女士更是受父母的宠爱。用"为所欲为"这个词不过分,年轻时的李女士十分骄纵,脾气也不好。

家里人怕她这种脾气,一般男的压不住,如果能压住的又怕李女士受气,所以对她结婚这件事是既不积极,也不反对,一切顺其自然。

虽然家里十分包容,但禁不住家里亲戚、街坊邻居、同学、朋友的追问。心高气傲的李女士产生了逆反心理,于是就有了今天一系列在场上的行为。

荆莹有话说

在当今的社会环境下,结婚并不是男性或者女性走向幸福的唯一通道。但是在做节目的这十几年里,我发现,无论是什么样的人,年轻的时候有多么意气风发,

第二章 "我"的择偶条件

到老年时都会感到孤独。朋友白天可以在一起，子女周末会回来探望，但是晚上一个人的孤单寂寞，是旁人难懂的。

离异的也好，丧偶的也罢，甚至打好一辈子单身主意的人，似乎都躲不开老年时择偶这个结局。即使50岁的时候不想找，60岁的时候也能过，到了70岁，大家还是难耐孤独，希望能找个伴。这也是为何随着节目开办的时间越长，来择偶的人岁数越大的原因。我们有时还会看到80多岁的男士来这里找老伴。

而人又具有社会性，渴望群居。无论当初高喊"单身万岁"的人多么坚定，到七老八十的时候可能也会妥协择偶。

那么到了此时择偶，确实不能将就，但是也要放下自己的执念和择偶的误区。情感和性格是婚姻稳定的基石，其他任何带有功利性的目的，都无法维持婚姻的长久。没有情分在，谁都可以转身断然离去。

而抛下执念后，中老年未婚人群其实是中老年婚恋市场里的香饽饽。没有子女的牵绊，就少去了很多财产的纠纷，也更能够享受婚姻中的二人世界。

所以，利用自身的优势，去适当地择偶，其实是一件事半功倍的事。但也不要因为自己未婚就骄傲地提出很多无谓的条件，到头来单身的还是自己。

中老年相亲男子类型

这12年来，虽然碰到过形形色色的男女嘉宾，但是总结起来，尤其是那些择偶要求比较荒唐的，无外乎那么几类。下面您来看看，碰到过其中几种类型。

1. 老牛吃嫩草型

有个段子说，男人们都很专一，20多岁的时候喜欢18岁的女孩，30多岁的时候喜欢18岁的，40多岁、50多岁、60多岁一直到80多岁还是喜欢18岁的女孩。

您别说，这还真不是段子，在中老年相亲市场中，这样的人屡见不鲜，75~79岁的老头想找50岁左右女性的人比比皆是。

那天又碰见一个81岁的爷爷级人物，提出的择偶要求是60~65岁的女性。后来编导壮着胆子问了一句："爷爷，您闺女今年多大啊？"爷爷说了——57岁……

2. 自我感觉超好型

这样的男性一般是拆迁户，或者是年轻时候生活比较窘迫，老年后因为一些政策的原因，经济条件和之前的自己比好了一些，日子有了翻天覆地的变化，于是整个人就飘飘然了。

通常要求女性身材好，漂亮，年轻，不能爱跳舞，不能养宠物，有的还要求不能有子女或者不能管子女的。

除了送给他们一句痴人说梦和回家照照镜子以外，也没什么好送给他们的了。

3. 一毛不拔型

这类人有的很外显，就是相亲的时候吃饭一定跟你AA，而且带你去的肯定是便宜的地儿，但凡路边能买一个煎饼搞定，都不会带你找个餐厅坐着。还有那种邀请你去他家吃饭煮速冻饺子的。

也有的遛公园，遛一天也不会给对方买瓶水喝。你别说，他也不给自己买，不知道是怎么忍下来的。

另外一种人就隐藏得比较深了。这次吃饭你看他都掏了觉得他挺大方的。下次吃饭他就不会再掏钱了，不是说自己没带钱，就是借上厕所跑了。

4. 花心大萝卜型

这种人就是跟一个人相亲的时候，同时也跟别人相亲。跟一个人聊微信的同时也和别人聊微信。

更过分的是，跟你这约着会呢，那脑袋还180度大转弯四处看美女的。

对这样的人一定要避而远之。这个年龄段就是希望找个人踏踏实实过完后半生，如果他还总是劈腿，那咱们还是自己过吧。

5. 小肚鸡肠型

醋瓶子 + 爱翻旧账 + 小心眼 = 小肚鸡肠

这样的男人真可谓比女人还女人，特别爱记仇，一点事不合他的心意了就给你记在他的黑账里。吵架的时候就拿出来翻一翻。

有人说相亲还会遇到这种男人吗？真看不出来啊。

有时候和一个人见三四面他就暴露出来了，比如今天你做了一件什么事他不高兴了，下次见面他就会拿出来说。

遇到这样的人也是能躲就躲，咱们这个岁数真生不起这气了，跟他解释都是浪费自己的时间。

6. 原先的"妈宝"，现在的"孩子宝"型

年轻的时候我们都知道"妈宝男"不能嫁，有什么事他都听妈妈的话。现在步入中老年了，很多女性认为婆婆们都已经去世了，这些男的终于能回归正常了吧？！

错！原先的"妈宝"呢，老了以后很大部分就转化为"孩子宝"了，什么事又开始听孩子的了，什么孩子不让领证啦，孩子让去女方家住啦，孩子让带孩子啦，等等。

这类人就是依赖性太强，从小被妈妈养得没有主心骨，妈妈过世后又拿孩子当主心骨了，一辈子做不了自己的主。

遇到这样的男性，即使在一起了，之后也多半会因为子女矛盾而分开。

7. 大男子主义型

这类男人在现代社会还有着非常落后的观点，就是认为女方没有家庭地位，在家里什么都要听男人的。两人过日子只有他说你听的份。

在相亲的时候，这类人一开始很难分辨出来，因为他们好面子，也仗义，在金钱方面毫不吝啬。无论是给女性买东西还是请客吃饭可能都很大方，让你觉得是个不斤斤计较的好男人。

但是长时间相处之后，你会发现自己其实在他那完全没有地位，有点像被养的宠物猫宠物狗一样。高兴的时候对你和颜悦色，不高兴的时候对你吆五喝六，而且不听你的意见，什么事情都要他做主。

在相亲的时候遇到这样的人，不要一时被他的豪爽蒙蔽了，还是要小心观察，大胆假设！

看了这么多，有人说了，这相亲市场上就没点好男人了吗？也有啊！下面我们就来说说非常适合婚姻的三种男性类型。

1. 细心暖男型

这种男士表现出来的外在形式有的时候会有点女性特质，有的女士觉得很亲切、没有攻击性，会比较喜欢，但有的喜欢阳刚型男士的女士可能会有一些抵触。

但无论是喜欢还是抵触，都还要再耐心地交流和观察一下。

这类人通常很会体贴女性，比如发烧的时候，大男子主义的男人会让你多喝水，但这类暖男一般就直接来给你送药了。

在中老年的婚姻当中，您需要的到底是什么，您可要想好了。

2. 内向稳重型

这样的人多半不善言辞，和他第一次相亲的时候可能会感到无趣。

但是这样的人会很规矩，不会第一次见面就对女性动手动脚，也不会抠门吝啬，他们多半心里有数，但是表达欠佳，不善言辞，是标准的行动派。

看人不要光看外表，还是要注重内涵。不要因为自己一时走眼而错过一个适合结婚的好男人。

3. 强而不抢、文而不弱型

如果你在相亲的时候能碰到这样的男人，那真的是捡到宝了。但这样的男人往往是深藏不露的。

他们普遍的特征是情绪很稳定，你和他初次聊天的时候，可能会觉得他隐藏得很深。其实这是他一直以来在工作中养成的习惯，很懂得分寸的拿捏。

跟他相亲的时候，即使一开始他没有让你感到很有趣，但是对他说的话你也不会觉得很无聊。他是很好的倾听者，不会喧宾夺主，咄咄逼人。无论你说什么话题，他都能够跟着接上两句。

这样的人平时看上去文质彬彬的，但遇到突发事件他会当仁不让地冲在你前面，让你很有安全感。

以上就是在中老年相亲中，经常会遇到的10种类型的男士。

第二章 "我"的择偶条件

中老年相亲女子类型

本文我们来说说女性。

如果您是男性读者，您可以看看您有没有遇到过类似的人。

如果您是女性读者，可以看看，您自己更像哪类。

有则改之，无则加勉。愿我们都能更加完善自己，在相亲路上关系越走越近，早日脱单。

以下排名不分先后。

1. 黄茶型

少有绿茶，老有黄茶。

"绿茶"在我们这代年轻人中十分盛行，这个词所代表的女性往往是那些装纯的女性。

那么人到老年，怎么就变成"黄茶"了呢？

因为岁数大了，绿茶久经沉淀，变黄了。但是她们的功力可是丝毫不减当年，真可谓越老越醇厚。

她们总是长发飘飘，对外说素面朝天，但其实化了裸妆。

她们总装出人畜无害、岁月静好的样子，但最擅长的就是扮猪吃老虎。

她们还喜欢睁大双眼，无辜地看着男人，但其实野心比谁都大。

不过这些女性一般都姿色中上，擅长以文艺女老年伪装，靠发表文学、艺术、政治论点博得男人的爱慕。

她们最擅长吊男人胃口！

而且人到中老年，很多男性会降低防备心，认为大家都是想踏实过日子的，不会再轻易搞三搞四了，那你可就大错特错了。这样的女性通常终身以此为乐。

都一把年纪了，可别再被这样的人耍得团团转了。

2. 物质拜金型

这种不用多说了吧，感觉现在市面上最盛行的还是这款。很多中老年女性确实没生在好年代，从小就穷怕了，又秉承着"嫁汉嫁汉，穿衣吃饭"这种没骨气的思想，相亲一见面，还是先看男的是不是有车、有房、有存款。

更有甚者，直接赤裸裸地问婚后能不能给房子加上自己的名字，或者每月能给自己多少钱。

3. 老公主型

这人啊，年轻的时候什么样，老了基本还什么样，改不了。

所以这些老公主型的，年轻的时候也有公主病。

相亲时候遇到这样的人一定要赶紧闪。这类人在相亲时候的表现通常是：

出去吃饭，我不说，你应该知道我想吃什么。

吃饭的时候，你应该给我拉椅子、拿筷子、端茶递水。

遛公园的时候你应该时刻观察注意我的感受。

等等等等。

总之就是公主什么样,她就什么样。

如果您以前从来没遇过这样的女的,可能还有点好奇心和挑战欲。但我劝你真的别"一失足成千古恨"。这结婚后你就跟个男保姆没什么区别。

这个年龄了,老公主可真是让人无福消受。

4. 侦查型

刚一见面,就跟警察审犯人似的,把你们家的情况问个底儿掉,让你不禁质疑自己到底是来相亲的,还是进警察局了。

而且侦查的目的是她到底是看重你这个人本身,还是理性地综合分析跟你结婚的可能性。

最后你只想掉头走人,毕竟人是渴望自由的,谁想被判个"终身监禁"呢?!

5. 考验爱情型

这种就是相亲的时候,女方明明自己有房,然后跟你说没房要看你的回答和反应。明明没病,但要告诉你身体这不好那不好,就想知道以后老了你能不能照顾她。

如果你有一颗善良仁爱的心,侥幸这些问题都通过了,那么恭喜你,后半生里,各种疑难杂题会越来越多,每天都活在各种测验和考验之中。因为酷爱考验人性的人,自身是没有安全感的。

选择和这样的女性在一起的人,每天都要保证她有足够的安全感。你能不能给她安全感我不知道,但是你自己"折寿"是肯定的了。

6. 性感妩媚型

一般相亲的时候如果能遇到这样的女性，嘿嘿，应该很多男人都认为捡到宝了吧？

但这样的人，您喜欢，别忘了，别人也喜欢。所以能不能从众多追求者中脱颖而出，您还真得掂量掂量自己有没有这个本事了。

而且这样的女性通常喜好打扮、美容，注重身材管理。两个人走到一起之后，您可别嫌人家花的钱多，也别介意大街上看的人多。你不仅要有消费能力，心理承受能力也得好。毕竟所有的美丽，背后都是要付出代价的。

7. 如姐如母型

这样的女性多少会有些强势，但同时也很会照顾人。这样的女性就非常适合那些没什么主见甚至有点"妈宝"的男性了，很多不太愿意扛事的男人碰到这样的女性可千万别放手。

只要嘴甜，肯买菜、做家务，让这种女性的爱心得到满足，也能过得天长地久呢。

8. 随和顺从型

这样的女性是很多男人心里最梦寐以求的妻子形象，可以用"完美"这样的词来形容了。不会违抗丈夫的意愿，无条件支持，无条件赞美，相亲的时候也不会大声说一句话，善于发现男性身上的闪光点，眼睛里还写满了尊敬和崇拜。

不过这样的女性也不是完全没有脾气的，只要不触及她们的底线，你将过得非常幸福。

9. 闷不作声型

这样的女性是一种中性的形象，即有人喜欢，有人不喜欢。

这样的女性往往在相亲的时候话并不多，你也不太清楚她内心的真实想法到底是什么。

有的人和这样的女性相处起来觉得累，因为并不经常沟通。但有的人就喜欢这样安静的女子。

10. 女汉子型

这种女汉子如果您在相亲中遇到了，一定要珍惜。这种女性是非常适合结婚的对象，但是您可千万别弄反了。女汉子外表是女性，内心是爷们，而不是外表是爷们，内心是女性。

我见过很多外表是爷们，内心是女性的阿姨。叔叔们一看阿姨的外表大大咧咧的，以为跟她过日子也简单呢，应该没那么多事。外表差点意思也就接受了。结果一接触才发现，她比公主还公主，那叫一个矫情，那叫一个事儿，又得给她洗脚又得给她系鞋带的。所以真正的女汉子，一定是内心不拘小节的。

这样的人在婚姻中，有什么需求和想法都直接给，不会让男性费心思猜。但她同时又有女性细腻的心思，可以将老公和家庭打理得井井有条。同时外表又很女性化，带出门绝对有面子。

上面的10种类型，希望能有利于你在相亲的时候，以最快的速度分辨清楚对面是个什么类型的人。

能接受，就继续交往，正可谓一个愿打一个愿挨。如果不能接受，就赶紧撤，别刚逃出虎口又进了狼窝。

第三章 世间还是有真爱

前文看了多面的人性和千奇百怪的择偶要求，可能给了很多人打击，对再婚这件事都没什么信心了。

我们现在总结一下，选择在媒体上择偶的人有三种：第一种，生活圈子小，接触不到太多人，希望扩大交友面的；第二种，充分信任我们平台，觉得来《选择》踏实，不会上当受骗的；第三种，在平时的生活中不太具备解决问题的能力，对自己认知不够清晰的。

前两章讲述的多是第三类人群的故事，显得好像大部分人不太靠谱。

我们看完前两类人的故事后，这一章一定会让你相信这世间还是有真爱的。

第三章 世间还是有真爱

相亲 208 人，终于找到你

黎叔和刘姨的爱情故事其实很简单，但也很传奇。黎叔年轻的时候去美国居住，到了退休的年纪，想要落叶归根，便回到了北京。虽然居住在北京，但是黎叔是地地道道的南方人。

黎叔今年 64 岁，身高不高，一米六左右，喜欢跳交谊舞，而且跳得还不错。只身回到北京的黎叔一直在择偶路上前行，直到遇到了刘姨。

刘姨也是地道的南方人，身高一米五八，随着儿子来到了北京定居。照看大孙子后，刘姨就动了择偶的念头，于是来到了我们这儿择偶。

如果是足够细心的观众，可能会发现，我们很少对南方的男女嘉宾进行特别深度的剖析，一方面是南北文化差异很大，另一方面就是南方来的嘉宾在北京的择偶成功率都不是很高。

毕竟在有几千万人口的北京城，南方人所占的比例还是相对较少，单身中老年人的比例就更加少。而他们通常又适合找南方人做配偶——和北方人接触起来，南北双方的人都认为需要磨合的生活习惯很多，尤其是饮食习惯很被中老年人看重。

刘姨最初来的时候，给我们留下的印象就是说话不多、性格温柔的南方女性。

问到刘姨和黎叔的相识经过，刘姨说是自己的节目播出后，黎叔留下了自己的电话，刘姨拨过去后，两人在电话里就挺聊得来，最后约出来见面确定了关系。

照惯例我们询问黎叔，刘姨哪方面吸引了黎叔。黎叔说就是那一眼吧，就觉得这回终于遇上了。

"加上你刘姨，这是我相亲的第208个女人了。"

208！这个数字一出我们在场的人都吃了一惊，惊讶的不光是黎叔相亲的数量之多，还有就是黎叔居然能清楚地记下这个数字。

"记下这个数字的初衷，是想看看命中注定的那个人多久会出现，没想到这一等就等了两年。我见了200多个人。"

黎叔的前妻是在美国去世的。虽然黎叔所在的地方华人很多，但是同样是单身的老年女性，并且也有择偶愿望的却不多。但即使这样，黎叔在美国也见了二三十个女性，但是都未成功，黎叔看这样下去恐怕要在异国他乡孤独终老了，于是就回到了祖国。

不过黎叔并没有回自己土生土长的地方，而是留在了北京。如果是定居到上海或者其他任何一个南方城市，可能黎叔的择偶路程不会这么漫长。

这两年来，黎叔去过各大公园的相亲角，也通过熟人介绍见了很多女性，但都不是那么的合适。黎叔的择偶条件高吗？硬性条件确实不高，但就是那个眼缘，总是差那么一点。

这次碰到了刘姨，黎叔说真是捡到宝了。刘姨也说，黎叔对自己非常包容，用"百依百顺"这个词也不为过，两个人很有信心共同走完后半生。

第三章　世间还是有真爱

说完，黎叔和刘姨一起跳了一支舞，看着是那么的温馨、和谐。

荆莹有话说

曾经有热心观众拨打热线电话说出自己心中的疑惑，为何有的人择偶时现场的专家就支持他找有眼缘的，而有的人却会在现场遭到抨击说只找眼缘不现实呢？这是按什么标准来界定的？

其实没有特别严丝合缝的标准，很多时候真的是因人而异。

我们经常说，人，始于五官，终于三观。眼缘，其实是所有人开展人际交往的第一扇门。无论是找对象还是交朋友，甚至我们去买衣服，挑选宠物，凭的不都是第一眼的眼缘吗？但这个眼缘又说不清楚是什么样的一种感觉，就是我一看我就知道了的定数。

因此在择偶的时候，找眼缘这件事，绝对是无可厚非的。

像黎叔这种主见很强、非常清楚自身条件并且择偶思路十分清晰的人，在择偶的时候，就可以找眼缘。因为择偶对他来说不是雪中送炭，而是锦上添花。

除了找感情这一需求以外，不夹杂其他现实的问题，那么找一个自己十分喜欢的人，我十分支持。

但有的人在择偶时提出的眼缘，和自身的要求不符且差距较大时，我们就会建议对方，让他放低这个要求。

通常我们给出的话术是,只要这个人看上去不讨厌,就应该试着接触。这其实就是对眼缘降低了要求,找的不是最喜欢的,但也不是最不喜欢的,而是差不多的。

打个比方:我们去买衣服,我们的预算是300元钱,甚至就带了300元钱去,但是第一眼看中的、最喜欢的那件衣服卖3万元。这就不是说我砍砍价,甚至回家去取钱可以够得上的,它完全超出了我们自身可承受的范围。试想一个平时穿300元衣服的人,可能也没有场合去穿3万元的衣服,而在我们日常的生活场景里,穿3万元的衣服,也一定会显得特别突兀。那我们就要在300元的衣服里选出自己最喜欢的那一件并且放弃3万元的衣服。

如果我就是特别喜欢这件3万元的衣服,就非它不可,那我们应该怎么办呢?

有两种方法:第一,努力挣钱。让自己能够匹配得上3万元的这件衣服。以前挣3000元?挣1万元?好,我现在拼命充实自己,让自我价值上升到兜里有足够的钱可以买3万元这件衣服了。我穿上它底气也足,同时也没贬低它的价值。第二,回家取钱。这种可能就会掏出自己很多年的积蓄甚至倾家荡产来买这件衣服。那么我们买完这件衣服,后续很长的一段时间,或许都要节衣缩食来弥补所花费的款项。时间久了难免会心生怨气,甚至会后悔当初为什么要买这样一件衣服。而衣服呢,被冷落在一边没有什么上身的机会,也失去了它自身的

第三章　世间还是有真爱

光彩和魅力。

好了，如果把衣服试想成一位配偶，会得出什么结论呢？这就是王颖老师已经被评为非常经典的一句话——"你现在脑海里想一下，这个人你带回家，你觉得把她放哪合适？"

这就是我们经常劝一些男嘉宾不要过分看重眼缘的原因。找和自己条件差距太多的外形靓丽的女嘉宾，第一，娶不到；第二，强努着娶到了也是灾难。这对两个人来说，都是不幸福的开端。

重病之下的再婚夫妻

人们总说，夫妻本是同林鸟，大难临头各自飞。更何况再婚夫妻，当一方有病或有难的时候，另一方更有可能会"义无反顾"地舍弃对方。

确实，现实生活中这样的人很多，反而更体现了金姨的可贵。

金姨是在第二任丈夫去世后来到我们节目的。金姨的婚姻状况是第一段离异，第二段丧偶。

金姨和第二任丈夫是通过朋友介绍认识的，用金姨的话说，第二任丈夫楼叔在事业单位上班，气质很好，一米八几的个子，白皙的肤色和精致的五官，都让金姨对他一见钟情。幸运的是，楼叔对金姨也很满意，而且两人的性格很合拍，很快就坠入了爱河。

但好景不长，交往了不到一个月，楼叔就查出了不治之症，医生也下了判决，说他最多只能活半年。

中老年再婚家庭中，很多都遇到过这种情况，有的人是马上要步入婚姻，有的人是已经步入了婚姻的。一般的解决方式，就是得病的一方认为不能拖累另一方，提出分手；而另一方虽然觉得分手不太仁义，但是出于多方面的现实考虑，也同意这个决定。

第三章　世间还是有真爱

金姨，却是与众不同的那个人。或许是第一段婚姻中没有感受到什么叫爱情，也或许是认为上天不会这样作弄自己，金姨拒绝了楼叔提出的分手，毅然决然地选择留在楼叔的身边。

"我不相信一个看上去这么生龙活虎的人，会被这个病打倒。"

不过奇迹终是没有发生，最后楼叔还是在病痛的折磨下，一天天消瘦下去，再也没有了曾经意气风发的样子。在楼叔弥留之际，金姨做了一个决定，跟楼叔领结婚证，成为一对真正的夫妻。

半年后，楼叔撒手人寰，留下金姨一个人。为了不再想起往事，金姨离开了伤心地，来到了北京，希望能觅得下一段姻缘。

问到金姨，如果让她重新再来一次，还会这样选择吗？

金姨很坚定，如果时间倒流，她还是会选择和楼叔结婚。但是今天再找，她不会再爱情至上了，可能会务实更多一些。

荆莹有话说

很多中老年女性在择偶的时候，都会控诉自己上一段婚姻没有体会过什么是爱情。原因有很多，有的是婚姻包办，有的是年少不懂事，还有的是当初想靠婚姻改变阶层或者命运而忽略了其他。总结来说，她们都认为自己的婚姻不幸福是因为感情基础为零。像金姨这样真情至上的女性是少数群体。

而其他这种在第一段婚姻中没有感受到爱情的女性

也都总结了自己在上一段婚姻中遇到的问题。但是在这一次择偶的时候，你会发现很多人找的依然不是爱情，或者说，她们并没有吃一堑长一智，还是又走回了原先的老路。

年轻时找颜值高的，现在依然坚持找颜值高的；年轻时找经济条件好的，现在依然找经济条件好的；年轻时想靠婚姻改变命运而忽略了人本身，今天来也依然如此。

那么问题出在哪儿了呢？明明知道问题，为何再找的时候依然无法避开这些问题呢？

这其实和人的思维定式有关。思维定式也叫惯性思维，简单来说，就是人们习惯用以往经常用的思维方式来看待和解决问题。

思维定式的积极作用是有时可以让我们根据以往的经验快速地解决同一种问题。消极作用就是当事物的某个因素发生改变时，我们就不知道该怎么办了。

在择偶这件事上也一样，虽然嘴里总结了以往婚姻失败的经验，但是在开始新的择偶时，其实还是在用以前的惯性思维去找对象，也就是走老路。这也是为什么那些有过多次婚姻的人总是一再地离婚。因为他们往往找的都是本质上一样的人，而和这样的人相处，又会发生以前解决不了现在依然解决不了的问题，最后就只有以离婚收场。

那么如何避免这种情况呢？

第三章　世间还是有真爱

首先在列出新的择偶条件的时候，给自己列出来最重要的是什么，比如感情、性格、健康状况等，排序下来，这样在择偶问对方问题时，着重提自己最关心的这方面问题，而不要被其他的经济条件、住房条件等非必要性条件干扰。

其次就是多投入感情。当我们注重一个人外在条件更多的时候，很多时候也就会浮于外在的索取。在谴责对方没有投入真心的时候，往往我们可能也没有真的投入进去。

所谓人心换人心这件事是真的。当自己目的性太强时，要记住别人也不傻，都能看出来。当你不付出时，对方也会慢慢抽离情感，最后两个人的婚姻就会以失败告终。

再婚后，我俩成了特约演员

钱叔和赵姨是我一手撮合的一对佳偶。赵姨是一个热情开朗、直肠子、眼里不揉沙子、脾气急、有一说一有二说二、非常正向的东北人，她把东北这片土地养育出来的人的优点体现得淋漓尽致。

另外，大大咧咧也是赵姨身上非常明显的特点，所以跟赵姨沟通起来不用拐弯，特别痛快。赵姨第一次录制节目，是和另一个直言不讳的叔叔同场的。那位叔叔的观点虽然很不招女性观众喜欢，但是得到了大部分男性观众的认同。赵姨一上场，就和叔叔"吵"起来了。

其实我们经常会遇到这种相亲时，两个人意见非常不统一的情况，但是很多比较内敛或者爱面子的女性，多半会选择隐忍，就是你说你的，虽然我不同意，但我也不会反驳，不和你计较。

但赵姨就像一个正义女侠，对着叔叔一顿火力全开，说得叔叔哑口无言。我个人更喜欢赵姨这种性格，也因此和赵姨十分投缘。

普通的男性明显"压不住"赵姨。相反那些表面温温顺顺，实际骨子里个性很强的阿姨才是很多男性看不透、会去追求的

第三章　世间还是有真爱

对象。所以赵姨的节目播出后，热线电话只有零星几个。赵姨好像也没打几个，她觉得感情这种事还得随缘。

也许就是赵姨这种积极乐观、开朗向上的心态吸引了钱叔。来过一次节目的钱叔跟编导表示，想要同场跟赵姨见面。

听到钱叔喜欢赵姨，我们都挺意外。钱叔是个"老北京"，我们都知道很多北京本地人不愿意找外省市的女士，这是我们第一个意外的地方。

第二点就是，钱叔给我们的印象是那种非常老实稳重的人，和赵姨的性格可以说是完全相反，钱叔上次来做节目，虽然沟通很顺畅，但明显是主持人不问，自己不会多说一句的那种人，这种性格反差的认同，也让我们很意外。

不过最意外的是，钱叔还是一个很浪漫的人，上次来的时候钱叔穿得比较休闲，但是这次为了见赵姨，特意穿的西服笔挺的，还专门为赵姨买了一束鲜花。两人都没沟通过，只是电视上这么一看就能确定吗？编导抱着这样的疑惑问了钱叔。

"她这个人啊，干净，心里想什么就说什么，没有坏心眼，她这种人啊一眼就看完了，和她过日子简单、舒心。"

节目现场，赵姨和钱叔很顺利地就牵手成功了，当时我们也没太在意。没想到两个月后，就收到了钱叔和赵姨结婚的好消息。

婚后，钱叔和赵姨多少也会有点摩擦，毕竟是两个人几十年的生活习惯，还是要彼此适应。不过变化最大的可能就是钱叔了，为了赵姨过来住有个好的环境，把家里养的鸟都送人了，之前家里还放满了喂鸟的虫子，钱叔也都处理了。

中老年情感加油站

两人都是退休的生活状态，但年纪都很轻，身体状态也好，赵姨就去当了群众演员，不图挣多少钱，主要图高兴解闷，为此钱叔也大力支持。

这近10年的婚姻生活里，赵姨也经历了带孩子等日常琐碎的事，但这都没能影响她和钱叔的感情。

现在，钱叔干脆也和赵姨一起当起了群众演员，毕竟在演夫妻、情侣这种角色时，两人本色出演就行了，不然看到别的男士搂着自己媳妇，你说心里得有多大醋味。

荆莹有话说

赵姨和钱叔两个看上去南辕北辙的人却生活得这么和谐，本质上是因为两个人都是善良的人，而且非常包容和体谅。

很多男性在择偶的时候有误区，他们认为只有那种外表柔弱、顺从甚至内向的女性才是"听话的""好管理的"。

其实不然，那种有点女汉子性格的女性，才是婚姻中真正通情达理的，因为这份"男子气"让她们不那么计较。

相反，外在和内在女性气息都十分浓厚的人，其实会"更矫情""更敏感"。当然，萝卜白菜各有所爱，喜欢这款的自不必说。这里着重说的是，以为这种女性好管理的，往往就会发现上了个当。

这其实也是很多不幸婚姻的原因，就是看错人。自己以为的、自己期待的和现实有差距时，这份心理落差往往让人接受不了，从而产生争吵甚至离婚。

钱叔也是抢而不强、文而不弱的男性典型代表。这类男性对自己想要的生活有良好的规划，同时清楚自己渴望的生活状态，也十分清楚自己喜欢的类型，往往很快就能选中最适合自己的那个人。很多情商高的男性，其实不会在异性方面过度放大自己和逞强。这与其说是情商高，不如说是能力强的一种体现。

关于"本事"和"脾气"的说法，我想从心理学的角度来进行分析。

第一种人，有本事，没脾气。因为他知道人外有人、天外有天，比他还有能力的人多的是，所以十分谦逊。这样的人往往经历过一些重大的事件，或好或坏，且领悟能力十分强，能很好地领悟为人处世的真谛。在婚姻中如果能遇到这样的人确实是捡到宝了。

第二种人，在自己擅长的领域里非常能干，但同时脾气也大。在婚姻中，遇到这样的人也还能过得下去。往往另一方是非常理性包容的，只要你能让我崇拜，本事高于我，受你点气我也认了。

第三种人，在婚姻中最怕遇见了，没有本事，可脾气还特别大。这种大脾气往往来源于自卑或者生活上其他方面的不如意。他需要宣泄，于是宣泄的对象就选择了身边最亲近的人，也是让他最有安全感的人。这种大脾气或许往往还会伴随家暴。

另外，很多中老年男性来我们这儿相亲时，总要强调二人世界，要求女方不能照看第三代。但不照看孙子的人，家里就不会发生其他的事情了吗？男士又能保证自己家不发生一些琐事吗？因此会提出这种要求的人，本身就是非常自我的人。

我们经常说婚姻不是 1+1=2，而是 0.5+0.5=1。任何良好的婚姻关系都需要两个人共同面对，并克服彼此遇到的困难。遇事好商量就是良性沟通。尊重并接纳对方原有家庭出现的事情就是尊重和包容。

相亲时无论女性到底是否需要照顾第三代，只要对方直接提出这样的二人世界要求并且没有扭转的余地时，无论他的条件有多好，他也不是一个好的结婚对象。

第三章　世间还是有真爱

病床上的婚礼

　　这可以说是近年来最特殊的一期节目了，因为节目录制后还没来得及播出的时候，节目中的女主角就去世了。

　　那是 2012 年的春天。春天，本是一个万物复苏的季节，有很多人却被病痛折磨，生命之花即将凋谢。

　　吴阿姨就是这样的一个人，吴阿姨 59 岁，一个月前被诊断出肝癌晚期。一直住院治疗，不能回家。吴阿姨的丈夫吕先生 48 岁，比吴阿姨小 11 岁。

　　看到被病痛折磨的吴阿姨，吕先生十分心疼，他知道吴阿姨非常喜欢我们的节目，非常喜欢主持人王芳和王为念老师，所以他在当时的主持人王芳的微博下进行了留言寻求帮助，他的愿望其实很简单，就是希望主持人王芳和王为念老师可以和自己重病的爱人见上一面。

　　那时《选择》在周末时段创办了一个栏目叫《纪念日》，还是由《选择》台前幕后的原班人马组成的班底，作为《选择》的子栏目在同一时间播出。创办这个栏目的初衷，就是希望收集一些人间的真情真爱，帮人们纪念人生中最有意义的那些日子。

　　对吕先生的求助，我们很快找到了他并向他了解了情况。

吴阿姨和吕先生相识于20年前，他们是一个单位的同事，那时吕先生还是单身，但是吴阿姨已经离婚了，还带着一个10岁大的孩子。

吴阿姨长得漂亮，工作也十分干练，一直领导着吕先生。吕先生则性格内向，不善言谈，但是工作踏实勤恳，也给吴阿姨留下了很好的印象。

说不上是谁先对谁动了感情，一个敬爱崇拜，一个顺从老实，两个人顺理成章地走到了一起。但是这样的爱情，即使到今天也不免被人说三道四，更何况是20年前。首先就遭到了双方父母的反对。女方家的反对声音倒还好，吴阿姨是离异的状态，对于再婚对象，父母不好过于挑剔，虽然对小11岁这个年龄差也有些担心，但是见到吕先生后，觉得这个小伙子老实可靠。嘱咐女儿一定要想好以后，吴阿姨的父母没有再多说。

反应剧烈的自然是吕先生的父母。虽说28岁的儿子已经是大龄青年了，不善言谈的性格也让父母一直操心他的婚事。但是找了一个大11岁、带10岁孩子、离异的女性，这三条中随便一条已经让吕先生的父母无法接受了，何况是"三座大山"一起压下来。

但是一向看着"没主见"的吕先生这次非常坚定，非吴阿姨不娶。就这样，和家里断绝了往来的吕先生，搬去了吴阿姨的家，开启了这段不被自己父母祝福的婚姻。

和10岁的孩子打交道也并不是一件轻松的事情，但或许这就是真爱的力量吧，吕先生这20年来和孩子也没有太多矛盾，当然这都和他自身的性格有关，这个后面说。

第三章　世间还是有真爱

到了今天，吕先生依然深爱着吴阿姨，竭尽全力地去帮她治病。非常遗憾的是，我们去医院探望吴阿姨的时候，医生跟我们说，吴阿姨最多还有三个月的时间。

为了给这对夫妻留下些什么，我们简单地采访了吴阿姨。这个时候的吴阿姨意识还很清醒，吴阿姨说很是愧对吕先生，没给吕先生留下个一儿半女，当时结婚也很仓促，吕先生是初婚，却也没办个婚礼。

说者无意听者有心，给他们补办一个婚礼，是我们马上出现在脑海里的想法。

在那个年代，他们的结合并不被家人祝福，也不被同事和朋友看好。但是经历了这20年，还有人会说他们不是真爱吗？他们应该有一场属于自己的婚礼。

但是吴阿姨的身体情况使她不能出院来到我们的录制现场，于是我们和医院的宣传科协商，最后医院同意我们在病房里给他们办一场婚礼。当然，这一切我们都没告诉吴阿姨，我们想给她一个惊喜。

录制当天，吕先生独自一人来到我们的节目现场，讲述他和吴阿姨的爱情故事，在采访时一个强作镇定的男子汉，终于忍不住几度泪洒节目现场。

当主持人问他有什么心愿时，他说想给自己最爱的人一场美丽的婚礼。

镜头的另一端，在一间空无一人的病房里，我们的工作人员也在布置着现场，贴拉花，粘喜字，当然这些吴阿姨还是毫不知情。

另一头吕先生已经在现场讲述完毕，主持人、专家和编导们一起带着吕先生来到医院，和吴阿姨举办婚礼。

我至今都记得吴阿姨被推进"婚房"时候的样子，容光焕发，眼睛睁得大大的，看着婚纱的样子美极了……但是吴阿姨的身体状况已经没有力气穿上这件婚纱了。坐在轮椅上的她，只能半套着这件婚纱，和吕先生留下了一张合影。

节目录制后一周，吕先生给我们打来电话，说吴阿姨的状况不好，恐怕看不到我们的节目播出了。

听到吕先生电话的时候，编导已经在进行剪辑的工作了，她万万没想到病情会恶化得这么快，毕竟一开始医生说能有三个月的时间。挂断电话后，编导连忙熬夜连剪了三天三夜，把片子赶了出来。

但是片子还要经过电视台的内容审核和技术审核。

就在进行技术审核的这一天，吕先生给我们发来短信，说吴阿姨去世了。

看到短信的编导不禁号啕大哭。当片子在电视上成功播出时，我们所有参与这一切的人都流下了眼泪。

荆莹有话说

代际婚姻一直以来都是一种不被人看好的婚姻。老夫少妻是最常见的，但在我们的刻板印象里，普遍认为女人比男人更专情，所以即使相差十几岁、二十几岁，真爱的概率也会很大。

第三章 世间还是有真爱

但相反，老妻少夫，却是经常被人诟病的一种婚姻，甚至难听的话会更多，更何况大十几岁之多。

但反观吴阿姨和吕先生的婚姻，让人非常好奇，为什么他们的婚姻能保鲜这么久，何况他们之间还没有自己的亲生孩子作为纽带。

这是一对典型的大女人和小男人结合的婚姻。这里指的不是年龄，而是性格。这种婚姻的结合，即使夫妻两个人是同龄人，感情基础也会很好，因为在婚姻中，他们都感到很舒适。

大女人的性格外在表现形式很直观，就是强势，家里家外都是她说了算。但并不是所有强势的女性都是大女人，最典型的影视剧形象就是《大宅门》里斯琴高娃所饰演的白家二奶奶。这种女性在外非常刚强能干，但是在婚姻中对待丈夫的时候，是母性的。白二爷则是小男人，他对妻子是敬佩和尊重的，所以夫妻二人可以达到平衡。

但反观白三爷就是个大男人，先抛开能力高低这一层，他的性格是传统大男人的性格，试想如果是他和白二奶奶结合，估计就家无宁日了，谁也不服谁。

许多年纪小的男性一开始喜欢上了年长的女性，其实就是喜欢她们那种如姐如母的关爱和包容，某种程度也是欣赏她们能力强的一种表现。因为在孩子的潜意识里，总是认为妈妈是无所不能的，所以这类男士往往会带有这样的心态来和年长的女性相处。

但如果骨子里不认输，想要当个大男人，那么随着外界声音的影响和自尊心的作祟，很多这样的男士会在婚姻的中后期做"揭竿起义"。

那么在这里也给女性提个醒，不是不可以找比自己年龄小的男士，但是你要认真看看，他的性格到底属于哪一种。

第三章　世间还是有真爱

离婚是不想拖累你

2021年的一天,我正在录影棚化妆,这时候胡阿姨过来跟我打了个招呼:"荆莹,又见面了。"

我本能地一愣,很快认出了这是胡阿姨,但我又不太敢相信这是胡阿姨。

"您今天怎么来了?卢叔叔走了?"我小心翼翼地问。

"没有,我们离婚了。"

"啊?"比起认为卢叔叔去世了,离婚这件事让我更加惊讶。

"一会儿我给你们好好讲讲。"胡阿姨说。

"好吧……"

胡阿姨和卢叔叔是参加过我们集体婚礼的嘉宾,距离今天将近10年了。《选择》来来回回已经举办了12届集体婚礼,如果按平均每次来参加的有8对新人,到今天至少也有近百对了。说实话很多人我都记不住了,但是唯独对胡阿姨和卢叔叔这对的印象非常深。

胡阿姨和卢叔叔是在节目上牵手成功的,在舞台上能牵手还能结婚的,并不是很多。两人可以说是一见钟情,无论是谈恋爱还是结婚,都十分顺利。

两人在集体婚礼上的表现更是让人印象深刻，浪漫的卢叔叔偷偷给胡阿姨买了个戒指，为表诚意，在送戒指的时候，还说了这样一句话，"哪个九十七岁死，奈何桥上等三年"。

之所以我对他们的事印象这么深刻，是因为当时剪辑这期节目的编导听到这句话十分感动，没结婚的她直呼又相信真爱了。

而在叔叔和阿姨婚后，卢叔叔的家里也发生了一些变故。这时也是胡阿姨在身边不离不弃，一直照顾着卢叔叔。同甘共苦的两个人，我们以为一定会白头到老，所以今天胡阿姨的出现让我倍感吃惊。

原来结婚后的第五年，卢叔叔生病了，而这种病让卢叔叔行走不方便了。卢叔叔一直住在胡阿姨没有电梯的老楼房里，行走不便让卢叔叔上下楼变得更加困难。病情的原因也让卢叔叔的情绪开始变坏，每天都很焦虑暴躁，对胡阿姨也不像以前那么温柔体贴了。

这样的情况也没让胡阿姨萌生离婚的想法，既然选择了，又已经结婚五年了，胡阿姨还是尽心尽力地照顾卢叔叔。但是照顾过病人的人都知道，胡阿姨也不能每天逆来顺受的，也会有脾气暴躁的时候。就这样坚持了两年，卢叔叔的病越来越重，基本不能走路了。有一天清晨起来，卢叔叔把胡阿姨叫到屋里，提出了离婚。

离婚总得有个理由吧，胡阿姨被卢叔叔细数了一番不是，卢叔叔甚至说出当初结婚就是个错误的话。这让胡阿姨十分委屈。胡阿姨觉得自己尽心尽力照顾卢叔叔两年多，结果自己还

第三章　世间还是有真爱

像个罪人一样。

就这样，胡阿姨一气之下也同意离婚。但是卢叔叔没有房子，又无亲无故，他能去哪儿呢？抱着这样的想法，胡阿姨也不信卢叔叔真离得开自己。

但没想到，卢叔叔自己早早就联系了养老院，搬到养老院去了。

胡阿姨没想到卢叔叔是真的决意离婚，也有点慌了，就去找卢叔叔的朋友，希望可以挽回。没想到卢叔叔的朋友却跟胡阿姨说了这样一番话："当时老卢哭着跟我说要离婚，不能再继续拖累你了，你还年轻，可以再找一个。他心意已决，估计劝不回来了。"

听到这番话，胡阿姨更加感受到了卢叔叔的用心良苦。但是离婚证已经领了，人也跑到养老院去了，现在说什么也晚了。但是卢叔叔无亲无故的，去到养老院还是需要有一个监护人，于是胡阿姨就当起了这个监护人。没事还是经常往养老院跑，去看望和照料卢叔叔。

直到2020年疫情，养老院开始管控不让进了，胡阿姨彻底和卢叔叔失去了联系。这个时候，无论胡阿姨是给卢叔叔打电话还是发微信，卢叔叔都不接也不回了。

再过了一段时间，胡阿姨听朋友说，卢叔叔在养老院结了婚，于是彻底死心，又来到了我们这儿，选择给自己的人生一个交代。

……

中老年情感加油站

荆莹有话说

虽然胡阿姨和卢叔叔离了婚，但时至今日，我依然觉得他们的故事是归属于真爱篇。不知道有多少读者看过刘德华和郑秀文主演的电影《龙凤斗》，里面讲述的故事和胡阿姨的故事有点像。同样都是女主没有男主心智成熟，也不知道男主背后的安排和深沉的心思，最后一直被男主"牵着鼻子走"。但他的初衷，都是希望女主可以继续过上幸福快乐的生活。

首先，从常理来看，中老年人结婚并不是一件容易的事，更何况是行动不便的卢叔叔，所以在养老院和卢叔叔结婚的阿姨的目的是什么呢？这里需要打第一个问号。

其次，胡阿姨是从别人嘴里听说的卢叔叔结婚了，那么是否真的就结婚了呢？这里打第二个问号。

最后，假设卢叔叔真的结婚了，或许也是为了找个监护人签字方便，毕竟卢叔叔真的无亲无故了，他又希望胡阿姨放手去找自己的幸福。这种可能性也很大。

当我把这几种可能性在台上告诉胡阿姨的时候，胡阿姨明显愣了一下，我猜这些应该都是她从来没想到的可能性。愿如卢叔叔所愿，希望她真的可以继续找到自己的幸福。

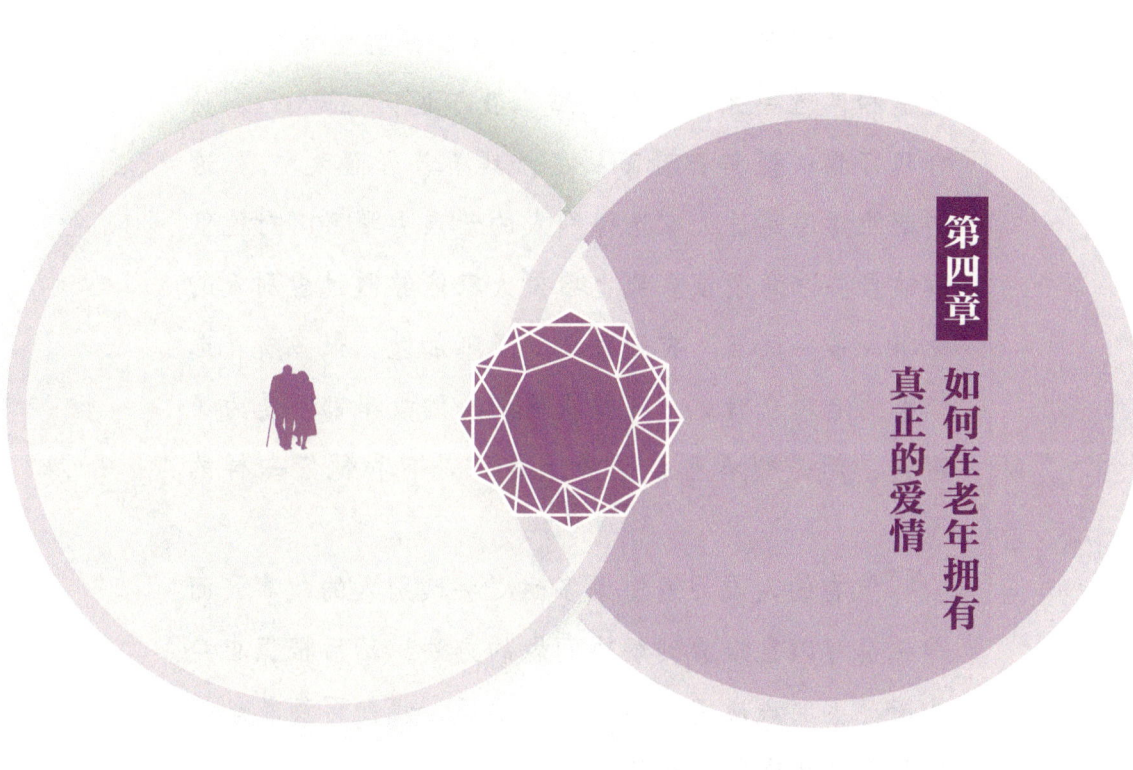

第四章

如何在老年拥有真正的爱情

前面三章的故事，已经写出了一些婚姻的经营之道和两性关系的相处之道。孔子说："三人行，必有我师焉；择其善者而从之，其不善者而改之。"这句话的意思是让大家选择别人的优点去学习，对他们的缺点要注意改正。我也希望大家能够通过看别人的故事，举一反三。有则改之，无则加勉。很多看《选择》的老观众就说，我每次看别人的故事都不是为了窥伺，而是想看看自己身上是不是有和他们一样的不足。

　　但有的人或许没有太多耐心去读别人的故事，而是希望可以直接看到解决问题的方法，然后根据自身的情况去实践应用。因此在这章里，我便再简单地提炼几个日常较容易出现的问题和解决方法供大家参考。

第四章　如何在老年拥有真正的爱情

再婚后如何和对方子女相处

如今困扰很多中老年再婚的，是子女的不支持和不同意。

纵观子女不同意的家庭，根本原因无非就是父母的不独立，这种不独立又分为经济不独立和精神不独立。

可能调过来说就很好理解了。子女结婚的时候，很多时候会因为父母的反对而分手，也是因为经济不独立和精神不独立。

但由于子女都还年轻，还有很长的日子可以自己拼搏奋斗，所以即使经济不够独立，很多精神独立的子女也不顾父母的反对坚决和自己心爱的人结婚。

但反观父母就无法这么洒脱了，由于年龄的增长，加剧了他们对死亡的恐惧，"无儿养老"是他们最担心的事情。

经济不独立的父母指着以后孩子养老，而精神不独立的父母更怕自己找了老伴以后孩子跟自己断绝关系不理自己了。

综上，不被孩子支持的中老年婚姻无法顺利地开启，即使偷摸结婚了，也不会幸福长久。

在择偶时，问一下对方的子女是否支持，是一件非常重要的事。

那么还有一种情况，就是子女表面同意父母再婚，但其实心里并不太愿意。这种情况，多半是经济独立且有些家产的老人遇到的情况。

为了以后能继承父母的家产，即使不希望父母再婚的孩子，也不会在表面和父母闹翻，而是伺机而动，破坏父母的再婚计划。

于叔就因为自己的孩子，结束了一段大好姻缘。

于叔是老北京人，今年70岁了，5年前于叔的老伴去世了，经人介绍认识了比自己小10岁的王姨结婚。

于叔家是拆迁的，很早就"上楼"了，在北京三环外有栋楼都是于叔家的。于叔有3个子女，一家人共同居住在这一栋楼房里。那种楼不是农村自己盖的，而是城区的那种6层平板楼。

房子多，王姨年龄又小，为了表示自己的忠心，于叔在儿女不知情的情况下，过了一户给王姨。就这样，王姨被于叔的真心打动，嫁给了于叔。

婚后两人过得也挺甜蜜，于叔对王姨从不吝啬，要什么给买什么，这就让于叔的孩子颇有微词，尤其在知道于叔给王姨过了一户房子后，儿女们更觉得王姨是个很有心机的女人。

节假日的时候，于叔的儿女们都来于叔这过节团聚，看到60多岁的老父亲自己下厨，王姨在那除了看电视什么也不干，他们的气更不打一处来。孩子也没跟王姨客气："你比我爸小那么多，又是个女人，家务活儿也不知道干，都让我爸干。"

就这样，子女和王姨的矛盾越来越深，但于叔还沉浸在爱情的甜蜜里浑然不知。

可渐渐地，于叔对王姨有一点不太满意，就是王姨太爱吃

第四章　如何在老年拥有真正的爱情

醋。一开始于叔还觉得这是王姨在乎自己，乐在其中，但三年过去了，王姨还是有事没事翻于叔的手机，不让他在大街上和女邻居说话，这让于叔有点不自在。于叔说，都这把岁数了我还能干吗啊，看我看得这么紧。

偶尔的这几声怨言让子女听见了，子女就开始吹耳边风，说王姨还是看上你的钱了，怕你把钱给别的女的花了，所以看你看得这么紧。

一次不信，两次不信，当说了十次八次以后，于叔有点动摇了。毕竟孩子是最近的人，是自己的血脉，自己的孩子能是害自己吗？那肯定不能。

终于有一天，王姨和于叔的矛盾，彻底爆发了。

原来是于叔的孩子管于叔借两万块钱，说做生意周转一下。于叔刚好在外面收了五万块钱回来放在家里，还没来得及去银行存，就从抽屉里数出来了两万块钱。王姨看见了就问于叔干吗用，于叔就一五一十地跟王姨说了。

王姨一听，就有点火了。

"老于你有点钱不容易，你看看你这些年都快被你的孩子们掏空了。过年过节的给孙辈钱，一给就一万块钱，你退休金才多少钱啊？这些钱你还不留着以后养老看病？"

"这孩子肯定是特别难才开口的，不然孩子不会管我借这钱。孩子都开口了我这做爸爸的能说不借吗？"

"这孩子管你借钱哪次还过？你就一个劲儿地往外掏。等以后你需要钱看病的时候，我看他们谁能拿钱出来。你指着我，我可拿不出来。"王姨负气地说。

中老年情感加油站

"说来说去还是怕动你自己的钱,你放心,我就是死了也不找你,我仨孩子呢!"

……

最后,因为这两万块钱,王姨和于叔离了婚。

于叔坚信,这两万块钱就是一面"照妖镜",让王姨"现了原形"。

荆莹有话说

纵观王姨和于叔的故事,我总结了以下几个雷区。

1. 婚后瞒着子女过户房产:这种行为让子女误会两人婚姻的单纯性其实是无可厚非的,自然会对王姨留下偏见,事后王姨需要付出更多行动来证明自己的"清白",来打消子女对自己的偏见,也就是说,没起好头。

2. 年龄差距大:10岁的年龄差和房子过户的事叠加在一起,更让子女对父亲的这段婚姻没有安全感。

3. 于叔对王姨的好超越了对原来的老伴:这让子女更加嫉恨,认为自己的父亲对亲生母亲都没有这么好,现在却在王姨这做牛做马,心里十分愤怒,且将这种对父亲的愤怒转移到了王姨身上。

4. 不干活:就跟婆婆嫌儿媳不干活,丈母娘觉得姑爷不作为是一样的。作为子女,看见父母的后老伴不干活,也会心生怨言。

那么后老伴在对方的子女面前应该如何表现呢?就要避开上述的四点雷区。

第四章　如何在老年拥有真正的爱情

1. 在对方子女面前多表现出对他们父母的爱护和体贴，在他们面前哪怕是装样子也要多干点活。多表扬他们的父母，体现出能和他们结合的幸运和幸福。毕竟孩子一周来不了一次，来了也待不了多会儿，就别把自己暴露得那么淋漓尽致了。

2. 不要过分计较他们为子女付出的钱财，尤其是孙子那代。也就是说，不要把对方的钱当成自己的钱，他们有支配自己财产的自由。再婚和初婚始终是有区别的。

3. 不要过多干涉子女和他们亲生父母之间的事情，时刻保持清晰的边界。

相亲时究竟用技巧还是凭真诚

这个话题一直被很多人拿来讨论。很多情商不是很高的人坚持在相亲的时候要用真诚,即自己平时什么样在相亲时还是什么样,无论是穿着还是言谈举止都不加任何修饰甚至是掩饰。

而情商高的人则认为,真诚和技巧应该并存,因为它们并不冲突,也不是一对反义词。

我们在面试的时候会穿正装而不是挎篮背心,这里用的就是技巧——穿衣的技巧,用心理学来解释,这就是印象管理。即我们希望别人对我们留下什么样的印象,就朝那个方向去努力。比如希望别人认为自己是个斯文的人,我们可能会戴上金丝眼镜,说话慢条斯理。

希望别人认为我们是豪爽的人,可能会不拘小节,开朗大方等。

真诚,则是说我们不会欺骗对方,欺骗是比如自己一个月挣2000元,却非说自己挣2万元。

综上所述,真诚是相亲时不变的基石,而技巧,则是增加相亲成功率的小方法。因为人的第一印象非常重要,如果第一次没有留下好的印象,很难让人再约你出来第二次。

那么男士第一次约会时，应该如何做呢？

第一，穿着得体。首先是干净整洁，其次就是在自己的衣柜里找一件最正式的衣服。有的叔叔说我一直就是工人出身，没有什么价格不菲的衣服。得体的衣服并不在于贵贱，而是自己衣柜中最满意的那件衣服，而不一定是最舒适的那件衣服。

第二，事先要准备一些有意思的话题。比如时事，或者是自己曾经生活、工作中的小笑料。但是切忌滔滔不绝说得过长，不然会让对方觉得您是一个不善于倾听并且以自我为中心的人。

第三，用提问打破沉默。有的时候实在不知道说什么了，可以多询问对方的一些情况，比如兴趣爱好、平时的生活习惯等，然后从里面找到共同的话题。但用这一点的时候，切忌打破砂锅问到底或者给对方留下审犯人的感觉。

第四，一定要赞美对方。比如夸夸今天她的衣服好看，夸夸她的气质，或者在她说的话语中找点夸赞。人在被夸赞的时候都是心情愉悦的，对于能让自己心情愉悦的人，自然也会充满好感。

第五，约会时间不宜过长。第一次约会时，彼此的了解并不很深，而在不确定对方对自己的好感度时，也不宜了解过深。不然不知道哪句话说错了，可能就没有下次见面的机会。同时，短暂的交谈也可以留下伏笔，给人一种意犹未尽的感觉，也让对方能够期待下次见面。

中老年情感加油站

荆莹有话说

女士第一次约会时，应该如何做呢？

除了上述第一、第四、第五条这三条以外，女性还要注意以下几点。

· 时刻保持微笑。笑容可以让对方感到亲切和放松，同时也对你留下好的印象。

· 注意保护自己。第一次和男士约会时尽量选在公共场所，比如咖啡厅、餐厅、公园都是不错的选择。切记第一次不要去男士家。一方面是保护自己，另一方面也是矜持的表现，不要让对方觉得自己上赶着或者曾经结过婚就可以随便了。

· 适当地客气一下。第一次吃饭的时候，男士请客掏钱似乎成了一种明文规定。但当女士主动说自己买单时，会给对面的男士留下好的印象。有绅士风度的男士往往会坚持他来请客，而理智的男性可能会要求AA。一点不推辞让你请客的男士也会大有人在。于是，用小小的一顿饭钱，既能给人留下好的印象，又能快速地判断出一个男人的性格，稳赚不赔。

第四章 如何在老年拥有真正的爱情

中老年人再婚，一定要领结婚证

虽然在节目上我们都会提倡中老年人再婚领结婚证，但实际生活中，不领证只是同居生活的人并不少见。原因无非有两个：第一，怕孩子不同意；第二，怕婚后有财产纠纷。

财产纠纷的对象主要是谁呢？其实还是未来伴侣跟自己的孩子。所以究其根本，症结还是回归到孩子身上。作为子女，其实我是可以理解孩子的心理状态的。还没成为《选择》栏目的嘉宾时，我也是坚决不同意父母再婚的。那个时候我还没有想得那么深远，只是觉得以后再回家的时候，爸爸或妈妈跟另一个人生活在一起，从情感上我接受不了。

做了这档栏目之后，我不赞成父母再婚的原因又多了一个——财产。

我们这代人大多是独生子女，和多子女家庭不同。多子女家庭孩子的头脑中没有"独占""独享"这些概念。但独生子女家庭不同，独生子女，也就是大多数"80后""90后"乃至"00后"们，从懂事起就知道，家里的所有财产以后都是自己的，房也好、车也好、钱也好，都不用跟别人分享。如果父母突然想要再婚，子女们就会有一种"本该是我的东西，却被别人抢走了"的感受，而不是父母的东西他们自己有支配权，到底分配给谁，孰多孰少。

我也多次强调过，认知决定行为。所以抱着这种认知的大部分独生子女，就会反对父母再婚。

但和《选择》这个栏目共同成长了这么多年，我深刻体会到了人到中老年孤身一人的孤独和寂寞，所以我的想法又发生了转变，就是万一我的父母其中一方先辞世，我会很积极地为他们再寻觅另一半。对于新来的叔叔或者阿姨，作为子女，我们更多的应该是怀着一颗感恩的心，感谢他们在自己分身乏术、不能很好地照顾父母的时候，他们做到了照料和陪伴。

如果这么想，可能对于父母的那些财产，也就不会抱有太多的执念了。

不管怎么说，为了规避麻烦和纷争，很多两方都经济条件独立的叔叔阿姨，选择了同居不领证这条路。

尹叔就是属于那种经济条件还不错的，50多岁，是一所高校的校医。学校分的房子就在学校大院里，每天去学校食堂吃饭，吃得又营养又丰富，工资待遇也很好，每个月基本没有什么开销。跟同龄人比，可以说是个小中产。

老伴去世三年后，尹叔动了找老伴的念头，但是对于上电视找老伴这件事一直抹不开面子。由于尹叔活动的范围太小，接触的基本就是大学里这些人，所以尹叔来到了我们的节目现场。

没聊多久，尹叔就表达了再婚不想领结婚证的观点，问其原因，果然还是跟孩子有关。

第一，孩子并不希望尹叔再婚。

第四章　如何在老年拥有真正的爱情

第二，孩子每个月的工资不够花，尹叔还要补贴孩子一部分，怕婚后女方反对。如果不领证话的话，尹叔就觉得给孩子钱心安理得一些。

两个原因一说，尹叔当场就被女嘉宾骂了个狗血淋头。无论是在台上还是在观察室里，那期的女嘉宾都没给尹叔留面子，觉得他不想领证的想法自私，没有责任，甚至不是个好男人。

尹叔再婚不领证的方法，就真的是解决问题的良策吗？

荆莹有话说

中老年人再婚，是一定要领结婚证的。理由如下：

首先，再婚不领结婚证的最大弊端，就是失去了法律的保障。当真的产生一些需要法律层面调节的纠纷时，没有结婚证这份保障，就像哑巴吃黄连，有苦说不出。

其次，没有结婚证，也会使两个人的心理产生变化，两个人感情好的时候还好说，一旦出现问题，领了结婚证的人会倾向于解决问题，而没有领证的人就有可能去逃避问题，双方这种自由的关系也让其更容易去寻找新的感情。

再次，中老年人再婚，很多人都希望自己在生病时有人照顾，但只同居不领证的话，对方就没有这个责任和义务了，如果感情基础不到位，很可能竹篮打水一场空。

最后，因为顾忌子女而不领结婚证的中老年人，多半在对子女的养育过程中做得并不到位，也就是说，没有和子女形成良性的亲密关系。所以在子女长大成人后,他们和子女的沟通也并不顺畅。说白了就是孩子眼里只认钱,而不去体谅父母的感受,心安理得地享有父母的一切并认为理所应当。

所以,再婚不领结婚证看似解决了很多矛盾和纠纷,但是对两个人亲密关系的形成没有益处,只是不具备解决问题能力的两个精致的利己主义者结合在了一起。

拿婚姻当点心吃，你就输了

著名作家林语堂谈及婚姻相守之道时说过这样一句话："婚姻想要长久，就要把婚姻当饭吃，把爱情当点心吃。"

婚姻 = 饭 = 粗茶淡饭

爱情 = 点心 = 精致甜美

这就是婚姻和爱情的本质区别。但是在生活中把婚姻当点心吃的人数不胜数，这样的婚姻确实也只能以失败告终。

因为性格不合这个理由结束的婚姻，普遍就是有拿婚姻当点心吃的问题。

简单来说，就是不够包容。

女性的不够包容体现在"作"这个字上，更有甚者还有公主病，任性又矫情。

而男性不够包容的表现形式则为"不感恩，不珍惜"。

白姨就非常有代表性。白姨今年58岁，三年前离婚。离婚后她就来择偶了，前后一共来过三次。

白姨很清楚自己身上的问题，反省得也挺好，但是却不愿也无法做出改变。

白姨的婚姻，就是自己"作"没的。

白姨的祖籍是江西，爷爷奶奶最先定居在北京，白姨也在北京出生。虽然从小生在北京长在北京，但是家里的饮食起居，一直维持着南方的习惯，所以白姨从小就是吃米饭炒菜长大的。

现在这个年代的年轻人，吃米饭炒菜当然不是个事，南北结合在饮食上的差异可能并不会很大。但白姨那个年代不同，在北京普遍还是平房存储大白菜，以面食为主的时候，白姨家一直吃的是米饭炒菜。

用白姨的话说，爷爷奶奶都是知识分子，自己父母的工作也很好。家里只有自己和姐姐两个人，孩子少，就没受过穷，一直过得比同龄人要好。

白姨的前夫是个地道的"老北京"，炒肝、卤煮、炸酱面是前夫最爱吃的三样东西。虽然和前夫的一些习惯不同，但前夫长相标致，一下就吸引了白姨，就这样为了爱情的白姨还是结婚了。

婚后两人的矛盾日积月累，小到买菜吃饭，大到换房买车，白姨和前夫的意见很少一致。就这样，白姨对前夫的怨言越来越多，还经常回娘家抱怨，话说的还都挺难听。

但前夫比较包容，一直不跟白姨计较，但是也拒不认错，毕竟前夫觉得自己没什么错。就这样两人开始冷战，这一冷就冷了15年。

越冷战，越抱怨；越抱怨，越冷战。谁也不愿先解开这个扣，两个人的日子一步步朝着离婚走去。

三年前，孩子大了，白姨的父母率先开了口，问前夫以后这日子打算怎么过。这一问，彻底拆散了两个人的婚姻。

第四章 如何在老年拥有真正的爱情

问及白姨现今的择偶条件，白姨倒是明白过来了，得找个能包容自己的，因为自己比较"事儿"。

首先白姨只去超市买菜，不去自由市场，因为她觉得自由市场的菜都不好。家里如果缺盐了不能在楼下的小卖部买，必须得去大超市，因为这样的日子才叫讲究。每天吃饭，必须两素菜一肉菜，不能将就。所以现在白姨得找个能接受自己这种生活习惯和消费观的，也别老因为这个两人打架。

荆莹有话说

婚姻的真谛确实就是包容，但这一定是双方相互的。总是一方迁就另一方，光付出没回报，时间久了谁也不乐意。

婚姻的相处之道是两个人互相尊重。我尊重你的一些小矫情，你尊重我的一些小任性。不要因为两个人的习惯不同，就总想去改变对方，尤其是用唠叨和置气的方法力求改变对方，最后只会落得两败俱伤。

此外，我们要善于发现对方的优点。很多想要离婚的夫妻来找我们咨询的时候，我们都会分别给他们一张纸，让他们写下对方的优点和缺点，最后发现，写的优点往往比缺点要多。因为那些缺点就算换个人结婚，换的人就不会有其他缺点吗？也不尽然。最后，我们用这种方法让他们领悟到要珍惜眼前人。

很多人在结婚初期看到的都是对方的优点，但随着时间的推移和彼此的熟悉，开始挑剔对方的缺点，便忽视了对方一直存在的优点。

另外，我们要转念，也就是扭转自己的认知，就像这篇文章开头所说，婚姻就是相濡以沫的平淡。我们要面对现实并接受现实，才不会一直"作"。

后 记

每次下笔之前想说的都很多，但是写着写着或许就偏离了初衷，真是实实在在地想到哪儿写到哪儿。很多总结性的话语可能写得并不清晰，总觉得这些道理大家其实都明白，不过在自身实践的时候，多少会感性大于理性。也不想通篇地给大家讲大道理，可能更需要的还是通过分享一些故事，来帮助大家对照自己是不是也曾出现过类似的问题。有则改之，无则加勉。

通过本书的故事，我们能够总结出：

抱着养老为目的的人，基本很难再次走入婚姻。俗话说，谁也不比谁傻，大家都知道你是什么目的，所以谁也不会像年轻的时候那样再轻易"入坑"。

那些真的想找情感的人，往往都能修成正果，走入婚姻。

那些只是为了恋爱和潇洒的人，往往也不缺伴侣，人生如游戏。

婚姻并不能从根本上解决养老问题，相反，本着情感去结婚的人，反而能把养老问题解决好。

本书是我这 12 年间的所见所闻。在这里必须感谢《选择》栏目组这么多年来对我的支持和爱护，也要感谢台前幕后所有工作人员对我的包容和照顾。

最后感谢您，愿意读且读完我的这本书。

荆 莹

2021 年 10 月 18 日于北京家中